Helmut Kraus

# FASZINATION EULEN

Faszination

Helmut Kraus

# EULEN

2. Auflage

Oertel+Spörer

**Bildnachweis**
**Titelbild:** Dr. Gabriele Lehari
**Innenteilbilder:**
C. Braun (Arco digital images) S. 138; P. Henry (Arco digital images) S. 115; C. Hütter (Arco digital images) S. 120; Helmut Kraus S. 7, 14, 17l., 20, 21(2), 23, 38, 42, 49, 75, 93, 111r., 114, 134; Werner Lantermann S. 94, 96, 125, 137; W. Layer (Arco digital images) S. 136; Rolf Nussbaumer (Arco digital images) S. 135; Roger Powell (Arco digital images) S. 130; W. Rolfes (Arco digital images) S. 155. Alle anderen Fotos von Dr. Gabriele Lehari.

**Haftungsausschluss**
Die Hinweise in diesem Buch wurden vom Autor sorgfältig recherchiert und geprüft. Es können jedoch keinerlei Garantien übernommen werden. Eine Haftung des Autors, des Verlags und seiner Beauftragten für Personen-, Sach- und Vermögensschäden ist ausgeschlossen.


**Bibliografische Information der Deutschen Nationalbibliothek**
Die Deutsche Nationalbibliothek verzeichnet diese Publikation in der Deutschen Nationalbibliografie; detaillierte bibliografische Daten sind im Internet über http://dnb.d-nb.de abrufbar.


2. Auflage
Postfach 16 42 · 72706 Reutlingen

Lektorat: Dr. Gabriele Lehari
Layout, DTP und Repro: Bettina Mehmedbegović, Oertel+Spörer Verlag
Druck und Bindung: Oertel+Spörer Druck und Medien-GmbH+Co., Riederich
Printed in Germany
ISBN 978-3-88627-908-1

# VORWORT

LIEBE EULENFREUNDE,

die Haltung und Zucht von Eulen ist nicht einfach nur ein Hobby, sondern eine Passion.
Jeder, der sich einmal mit diesen Tieren beschäftigt hat, erliegt ihrer Faszination.
Es gibt zwar sehr viele Bücher über Eulen. Und sie alle sind hochinteressant – aber leider meistens auch hochwissenschaftlich.

So kam ich auf die Idee, dieses Eulenbuch zu erstellen. Mein Beweggrund war es, eine relativ einfache Anleitung zur Eulenzucht und -haltung zu schaffen. Gleichzeitig möchte ich meine Erkenntnisse und Erfahrungen aus über dreißig Jahren Eulenzucht an alle Interessierte weitergeben.

Ich wünsche mir sehr, dass Sie – gleichgültig ob Anfänger oder bereits erfahrener Züchter – beim Lesen genauso viel Freude haben werden wie ich bei der Zusammenstellung der Fotos und Beiträge.

IHR HELMUT KRAUS

# VEREHRT – GEFÜRCHTET – GEHEIMNISVOLL

Eulen bestechen nicht durch die grelle Farbenvielfalt des Gefieders, wie zum Beispiel Papageien, auch nicht durch beeindruckende Gesänge, wie der Singschwan oder die unzähligen Arten an kleinen Singvögeln. Ebenso sind ihnen imponierendes Balzverhalten oder eindrucksvolle Balztänze, wie man sie vom Auerwild kennt, völlig fremd. Sie leben meist im Verborgenen und sind vorwiegend Jäger der Nacht.

Das Gesicht einer Eule wie bei diesem Bartkauz zieht die Menschen in ihren Bann.

Und dennoch – wohl kein Vogel ist bei näherer Betrachtung so einzigartig und faszinierend wie eine Eule.
Die Eule war und ist noch ein von vielen Geheimnissen umwobenes Wesen, das die Fantasie der Menschen immer wieder aufs Neue herausfordert und beflügelt wie kein anderes Tier.

## Die faszinierende Welt der Eulen

Empfinden wir das Aussehen und ganz besonders den Blick mancher Eulen durchaus als „dämonisch", schmeicheln sich andere mit großen und neugierigen Augen auf direktem Weg in unsere Herzen.
Im Gegensatz zu allen anderen Vögeln haben Eulen ein „Gesicht". Der je nach Art mehr oder weniger markant ausgeprägte „Gesichtsschleier", die auffallend großen, starren Augen und der stark gebogene Schnabel verstärken ganz entschieden den „menschlichen" Ausdruck dieser Tiere.
Dieser Umstand mag dazu beitragen, dass Eulen mit vielen unterschiedlichen und auch widersprüchlichen geheimen Kräften in Verbindung gebracht werden.

Es gibt kein anderes Tier, das in der Mythologie einen derart beherrschenden Platz einnimmt. Eulen erwecken bei Menschen seit Jahrhunderten die unterschiedlichsten Emotionen.
Wir bringen Eulen in Verbindung mit Göttinnen, Geburt, Weisheit und Heilung, aber auch mit Dämonen, Krieg, Tod und Verderben. Bei näherer Betrachtung erstaunen diese Widersprüche aber keineswegs.

Bereits in der Antike galt die Eule als Vogel der Weisheit.

Alle Eulen – auch dieser Chacokauz – faszinieren durch ihr äußeres Erscheinungsbild.

War es doch keine Geringere als die Göttin Athene, die den Steinkauz *(Athene noctua)* zu ihrem Lieblingsvogel erhob. Ihr zuliebe gewährte man ihm in Athen bereitwillig Unterschlupf und bald gehörten die Tiere zum Alltagsbild der klassischen Metropole.

So war und ist bis heute der Steinkauz das Wappentier dieser Stadt. Dies war auch ein Grund dafür, dass er damals als Wahrzeichen auf die Münzen geprägt wurde. Somit wurden diese Münzen auch kurz „Eulen" genannt, was zur Entstehung des Sprichwortes „Eulen nach Athen

Verspielt oder künstlerisch – Eulen gibt es in den verschiedensten Materialien.

Auch einfach stilisiert aus Balsaholz ist klar zu erkennen, dass es sich um ein Eulenmotiv handelt.

tragen" geführt hat. Dieses geflügelte Wort bedeutet bis heute nichts anderes als die Durchführung einer sinnlosen Handlung. Denn zur damaligen Zeit war Athen – noch – sehr reich und hatte genug Geld, also „Eulen" zur Verfügung. Somit war es völlig sinnlos, Geld nach Athen zu tragen.
Die Eule auf den Münzen zu verewigen ist in Griechenland erhalten geblieben. Auch auf der modernen griechischen 1-Euro-Münze ist eine Eule abgebildet.

Auch für viele Künstler von der Antike über das Mittelalter bis in die heutige Zeit waren Eulen ein beliebtes Motiv und sind daher auf vielen Gemälden und Zeichnungen zu entdecken. Ebenso sind Eulen seit Jahrtausenden in zahlreichen Kulturen Elemente, die im Kunsthandwerk immer wieder auftauchen, und wurden auch als dekoratives Element zur Verschönerung vieler alltäglicher Gegenstände verwendet. Besonders in den letzten Jahren hat hier das Motiv Eule wieder größeres Interesse geweckt.

In zahlreichen Fabeln wird die Weisheit der Eule gelobt. In ebenso vielen Geschichten begegnen wir ihr aber auch als Begleiterin von Hexen, Zauberern und anderen bösen Geistern. Ein Großteil der Legenden, die sich um Eulen drehen, ist geprägt von Hexenglauben und Hexenwahn. In der Literatur begegnen wir der Eule zum Beispiel in den Märchen der Gebrüder Grimm oder auch bei Shakespeare in den Dramen *„Julius Cäsar"* oder *„Macbeth"*. Auch Humoristen wie Heinz Erhard oder Eugen Roth haben der Eule gedacht; hier als Beispiel ein kleines Gedicht von Eugen Roth, das der Weisheit der Eule Rechnung trägt.

*Guten Tag, Frau Eule, habt ihr Langeweile?*
*Ja, eben jetzt, solang ihr schwätzt.*

Bis in die Jetztzeit hat der Mythos Eule nichts von seiner Faszination verloren. Bestes Beispiel dafür sind unter anderem die Harry-Potter-Romane, in denen eine Schneeeule eine wichtige Rolle spielt. Allerdings ist die Eule von Harry Potter ein männliches Tier, obwohl es den weiblichen Namen Hedwig trägt. Im Gegensatz zu fast allen anderen Eulenarten unterscheiden sich bei der Schneeeule nämlich die Geschlechter aufgrund ihrer Zeichnung. Und danach ist Hedwig ganz klar ein Männchen (siehe auch Seite 122 ff.).

In abendländischen Völkern brachte man den Kauz mit dem Tod in Verbindung. Sein nächtliches „kuwitt" galt als Ankündigung des nahen Sterbens und wurde verstanden als Ruf für „Komm mit". Er galt als Künder von Unglück, Seuchen und Leid und war deshalb allseits gefürchtet. Allerdings gibt es auch Regionen, in denen der Eulenschrei nicht mit dem Tod in Zusammenhang gebracht wird, sondern die Geburt eines Kindes ankündigt.
Dass die Eule in der abendländischen Kultur seit jeher einen festen Platz einnimmt, beweisen unter anderem auch entdeckte Höhlenmalereien aus der Frühsteinzeit. Im Altertum wurde die Eule als kluger Vogel und als Hüterin der Weisheit geschätzt.

Glaube und Aberglaube, die sich um Eulen ranken, sind unerschöpflich. So sollen zum Beispiel Eulenfedern, unter das Kopfkissen gelegt, einen ruhigen und erholsamen Schlaf bringen. Auch soll es Glück bringen, wenn sich eine Eule in den Taubenschlag flüchtet.

In vielen Naturreligionen wird die Eule als Bindeglied zwischen den Welten verehrt und mit der Wiedergeburt in Verbindung gebracht. Die wohl intensivste Verbindung

Durch Film und Fernsehen hat die Schneeeule eine besondere Berühmtheit erlangt.

zur Eule besteht aber in der Indianischen Kultur. Hier wird die Eule wie von kaum einem anderen Volk verehrt. Sie gilt als Schutzpatron der Weisheit und als Vermittlerin bei der Seelenwanderung. Auch glaubten diese Völker daran, dass ein tapferes und tugendhaftes Leben im Hier später im Jenseits damit belohnt wird, dass man dort als Uhu weiterleben darf.

Die Medizinmänner nordamerikanischer Indianerstämme verehrten die Eule als Symbol für Jagdglück und Tapferkeit. Deshalb mussten immer auch Eulenfedern in ihrem Kopfschmuck eingebunden werden. Außerdem trugen sie Amulette aus Eulenfedern.
Ebenso gibt es keinen Traumfänger ohne Eulenfeder. Und auch bei einem Krieger war es zwingend erforderlich, dass sich im Feder- oder Kopfschmuck mindestens eine Eulenfeder befindet.
Im indianischen Horoskop werden Eulenmenschen (23.11. bis 21.12.) als besonders stolz mit fast übersteigert hohen Ansprüchen charakterisiert. Schamanen und Medizinmänner bedienen sich bei den verschiedensten Räucherritualen der Eulenfeder, um die Wirkung des jeweiligen Zaubers zu verstärken.

Oft findet man Darstellungen von Eulen mit Doktorhut und Talar. Dieses Symbol der Weisheit haben unzählige Universitäten, Schulen, Buchverlage und Buchhandlungen zu ihrem Emblem erhoben. Auch als Wappentier in der Heraldik ist die Eule häufig zu finden.

Wohl alle Völker der Welt bringen die Eule mit guten oder schlechten Eigenschaften in Verbindung. So steht in Indien die Eule für Weisheit, dagegen hält man sie in Flandern für dumm.

Glaubt man in Frankreich daran, dass ein Eulenschrei am Morgen Glück für den ganzen Tag verheißt, so fürchtet man in China, dass das Haus abbrennt, sobald sich eine Eule auf dem Dach niederlässt.

Auch in unserer Kultur entdeckte man in jüngster Zeit wieder die Bedeutung der von Eulen ausgehenden unerklärlichen Ausstrahlung und deren Faszination. Immer mehr Menschen kommen mit unserer schnelllebigen Zeit nicht mehr zurecht. „Burn-out" nennt man das wohl im Neudeutsch. Meist sind davon Menschen betroffen, die sich nur sehr schwer „öffnen" können. In solchen Fällen können manchmal Eulen helfen. Ihr In-sich-Ruhen kann sich auf Menschen, die das zulassen, übertragen und durchaus dazu beitragen, dass die innere Unruhe eingedämmt wird und die Gelassenheit den Weg zur Seele findet.

Oft ist die stumme Zwiesprache mit der Eule auch ein erster Weg, um aus einer scheinbar total festgefahrenen und unbefriedigenden Lebenssituation heraus einen Schritt in eine hoffnungsvollere Zukunft zu finden. Aber auch für Menschen, die nicht ganz so stark belastet sind, können sich die Ausstrahlung einer Eule und der Kontakt zu diesen wunderbaren Tieren durchaus positiv auswirken. Wer schon mal in Ruhe eine Eule beobachtet hat, wird wissen, was damit gemeint ist. Denn im Sog unseres hektischen Alltags vergessen wir leider allzu oft, dass jede Seele dankbar für ein kurzes Innehalten ist.

DIE EULE KANN UNS DEN WEG WEISEN – GEHEN MÜSSEN WIR IHN SELBST!

In einen echten Traumfänger gehört auch eine Eulenfeder.

Zum Schluss noch eine kleine indianische Fabel (unbekannter Autor) zum Innehalten und Nachdenken:

*Ein junger Cherokee-Krieger fragt die Eule:*
*„Eule, was muss ich tun, um gut*
*und heldenhaft zu wirken?"*
*Die Eule betrachtet ihn lange schweigend,*
*dann spricht sie:*
*„Junger Krieger, du musst wissen, wie in allen Menschen*
*kämpfen auch in deiner Brust zwei Wölfe.*
*Einer ist schlecht. Er ist zornig, eifersüchtig, gierig,*
*übellaunig, hinterhältig, egoistisch und lügnerisch.*
*Der andere ist gut. Er ist fröhlich, friedliebend,*
*bescheiden, einfühlsam, lieb und hoffend."*
*Der junge Krieger denkt über das Gehörte nach,*
*dann fragt er:*
*„Eule, welcher Wolf gewinnt?"*
*Und weise antwortet die Eule:*
*„Der, den du fütterst!"*

## Einzigartig in der Natur

Eulen stellen in der Vogelwelt eine eigene Ordnung dar, die wiederum in zwei Familien unterteilt ist: die Schleier- und Maskeneulen (Tytonidae) und die Eigentlichen Eulen (Strigidae). Insgesamt sind zurzeit 220 Eulenarten bekannt, von denen einige noch durch mehrere Unterarten in verschiedenen Gegenden vertreten sind. Bei so manchen Arten hat sich die wissenschaftliche Bezeichnung im Laufe der letzten Jahre geändert, da durch DNA-Analysen die Möglichkeit besteht, Verwandtschaftsverhältnisse und die systematische Zuordnung genauer zu bestimmen. Daher wird es auch sicherlich in Zukunft immer wieder Änderungen bei der systematischen Zuordnung der einen oder anderen Eulengattung oder -art geben.

Da Eulen eine ähnliche Lebensweise besitzen wie die Greifvögel, wurden sie früher dieser Vogelgruppe zugeordnet. Diese Ähnlichkeiten sind aber nichts anderes als gleichsinnige Anpassungen – biologisch als Konvergenzen bezeichnet. Die Eulen haben keine engeren verwandtschaftlichen Beziehungen zu den Greifvögeln als andere Vogelgruppen. Vermutlich sind ihre nächsten Verwandten die Nachtschwalben.

Betrachtet man diesen schwarzen Kanada-Uhu, ist es verständlich, dass Eulen manchmal mit Greifvögeln in Verbindung gebracht werden.

Von den Greifvögeln unterscheiden sich Eulen nicht nur durch den Körperbau, sondern auch im Verhalten. Die meisten Arten sind in der Dämmerung oder in der Nacht aktiv, nur wenige jagen auch am Tag. Eulenkinder kommen im Gegensatz zu kleinen Greifvögeln blind und weißlich bedunt auf die Welt. Ebenso sind ihre Ohren noch geschlossen. Erst etwa eine Woche, nachdem die Küken geschlüpft sind, öffnen sich Augen und Ohren. Dann wechseln sie auch schon das Federkleid und die ersten weißlichen Dunen werden häufig gegen ein mehr oder weniger noch duniges Federkleid ausgetauscht, das aber bei vielen Arten in der Farbe schon dem Federkleid der Altvögel ähnelt.

Bei diesem Weißen Kanada-Uhu lässt sich erahnen, welch tödliche Waffe der hakenförmige Schnabel sein kann.

## Anatomische Besonderheiten

Von anderen Vogelgruppen grenzen sich Eulen durch ihre besondere Anatomie stark ab, wobei innerhalb der Eulen der Körperbau bemerkenswert einheitlich ist. Ganz typische Merkmale sind der große Kopf, die vorwärts gerichteten Augen, der kurze, kaum erkennbare Hals und das extrem weiche Gefieder. Im Gegensatz zu vielen anderen Vögeln besitzen Eulen keinen Kropf.

Die Größe der Eulenvögel kann je nach Art sehr stark variieren. Ihre Gesamtlänge von Kopf bis Schwanzspitze kann zwischen 15 und 85 cm betragen, das Gewicht von 50 g bis über 4 kg.

Die Anordnung der Zehen ist bei den Eulen auch einzigartig. In der Regel werden zwei Zehen nach vorne und zwei nach hinten gerichtet. Von den vier Zehen weist aber die äußere schräg nach hinten, sodass sie auch seitlich abgespreizt wird, wenn die Eule auf größeren Flächen oder einem dicken Ast sitzt, um besser Halt zu finden. Die dolchartigen, großen Krallen lassen erahnen, wie schnell damit die Beutetiere – vor allem Kleinsäuger, aber

auch Vögel, Frösche, Eidechsen, Insekten und manchmal sogar Fische – getötet werden können.
Der Schnabel kann ebenso zum Greifen, Töten und Zerkleinern der Beute dienen. Er wirkt bei Eulen zwar recht klein, da die Wachshaut durch die Borsten des Schnabelansatzes zum größten Teil verborgen ist. In Wirklichkeit ist er aber sehr groß und tief heruntergezogen. Der Oberschnabel ist immer hakenförmig gekrümmt.

Der Verdauungsapparat von Eulen ist nicht in der Lage, Federn, Knochen oder Chitin zu verdauen. Daher müssen sie nach jeder Mahlzeit diese unverdaulichen Bestandteile herauswürgen. Die in Ballenform herausgewürgten Nahrungsbestandteile werden als Gewölle bezeichnet. Obwohl man dies besonders mit Eulen und Greifvögeln in Verbindung bringt, gibt es noch eine ganze Reihe anderer Vögel, die Gewölle herauswürgen. Allerdings hat das Gewölle von Eulen schon immer die Wissenschaftler interessiert, da Eulen noch nicht einmal die kleinsten Knöchelchen verdauen und daher ihr Gewölle detailliert Aufschluss darüber gibt, was für Tiere zu ihrer Beute gehören und in dem jeweiligen Lebensraum vorkommen, die sonst vielleicht nie entdeckt worden wären.

## Die Augen

Eulen sind ein Wunder der Natur. So sind ihre Augen zwar unbeweglich, jedoch sind Eulen in der Lage, ihren Kopf um 180 Grad und sogar bis zu 270 Grad – je nach Art – zu drehen. Dadurch können sie ihre Beutetiere räumlich sehen und sowohl Geschwindigkeit als auch Abstand genau abschätzen. Die fast menschlich wirkenden, nach vorn gerichteten Augen ermöglichen den Eulen also das binokulare Sehen.

Diese Schneeule ist von hinten aufgenommen, sie hat also ihren Kopf um 180 Grad gedreht.

Die häufige Meinung, dass Eulen am Tage schlecht sehen, trifft nicht zu. Sie sind zwar weitsichtig, können aber am Tag durchaus sehr gut vor allem in die Ferne sehen. Bei völliger Dunkelheit sind sie dagegen genauso hilflos wie wir Menschen. Allerdings reicht schon geringe Helligkeit aus, um sich zurechtzufinden. Das verdanken sie der besonderen Anatomie des Auges.

Eulen, die vor allem in der Dämmerung und nachts aktiv sind, besitzen viel mehr lichtempfindliche Zellen auf der Netzhaut, die sogenannten Stäbchen, um sich so auch schon beim geringsten Licht orientieren zu können. Dafür fehlen ihnen weitgehend die Zäpfchen, also die für das Farbensehen verantwortlichen Sinneszellen. Arten, die dagegen auch tagsüber aktiv sind, besitzen mehr farbempfindliche Sehzellen und dafür weniger Stäbchen, das heißt, sie kommen nachts nicht so gut zurecht.

Das Besondere an den Eulenaugen ist der Knochenring, in dem das Auge eingebettet ist. Er hat bei Eulen fast die Form einer Röhre, sodass sie hierdurch in ihrer Form an die Teleskopaugen so mancher Tiefseefische erinnern. Dadurch sind die Augen an das Sehen auch bei sehr schwachem Licht angepasst. Denn der Öffnungswinkel der

Die Augen einer Eule sind an das Sehen auch bei sehr schwachem Licht angepasst.

Beim Woodfordkauz sind die Nickhäute wie bei vielen andere Eulen auch blau gefärbt und nicht transparent.

Bei der Kennicotti-Eule sind die Nickhäute nur leicht trübe und lassen dadurch die Augen noch durchschimmern.

Hornhaut ist mit etwa 160 Grad sehr groß, sodass möglichst viel Licht eingefangen werden kann. Dies wird dann zu einem relativ kleinen Netzhautbild zusammengefasst. Das Auge hat somit eine größere Lichtstärke.

Geschützt werden die Augen der Eulen durch die getrennt voneinander beweglichen oberen und unteren Augenlider sowie durch eine Nickhaut. Diese zusätzliche Falte der Bindehaut im inneren Augenwinkel kann als „Schutzmechanismus" vor das Auge geklappt werden. Eulen sind die einzigen Vögel, die Nickhaut besitzen. Die Nickhaut ist nicht transparent, sondern mehr oder weniger trübe, sodass es sofort auffällt, wenn sie über das Auge gezogen wird.

## Die Ohren

Ebenso faszinierend wie die Augen sind auch die Ohren der Eule. Das Gehör ist bei den Eulen hervorragend ausgebildet – eine der Voraussetzungen dafür, auch in der Dämmerung und im Dunkeln bei der Jagd erfolgreich zu sein.

Eulen haben nicht wie andere Vogelgruppen kleine runde Ohröffnungen, sondern längliche, asymmetrische Öffnungen. Diese sind in Relation zur Schädelgröße unterschiedlich groß. Eulen wie Uhus oder Zwergohreulen haben zum Beispiel relativ kleine Ohröffnungen, wogegen Vertreter der Gattungen *Asio* (Ohreulen) und *Strix* (Käuze) verhältnismäßig große Ohröffnungen besitzen.

Bei allen Eulen ist aber die rechte Öffnung höher angeordnet als die linke. Die unterschiedliche Position ermöglicht sozusagen ein „räumliches Hören" und somit die punktgenaue Ortung der Beutetiere.

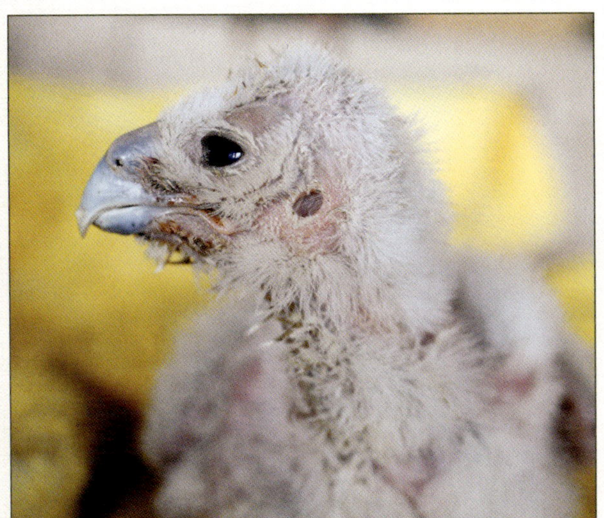

Bei diesem Eulenküken ist die Ohröffnung noch gut zu erkennen. Auf der rechten Seite sitzt die Öffnung höher.

Die Federbüschel wie bei diesem Kap-Uhu haben keinen Einfluss auf die Hörleistung.

Ohrmuscheln fehlen den Eulen. Die Ränder der Ohröffnungen sind zu befiederten Klappen umgebildet, die das Ohr vollständig verschließen können, um die empfindlichen Bereiche im Innern zu schützen. Durch Aufrichten werden diese Klappen zu beweglichen Schalltrichtern, sodass auch die schwächsten Geräusche aus verschiedenen Richtungen wahrgenommen werden können.

Die am Oberkopf befindlichen Federbüschel, die etwas irreführend als „Federohren" bezeichnet werden, haben jedoch keinerlei Einfluss auf die Hörleistung. Kann man allerdings bei dem typischen Gesichtsschleier Bewegungen sehen, hängt dies meistens mit der Bewegung der Ohrklappen zusammen.

Das Gehör reagiert weniger empfindlich bei niedrigen Frequenzen. Gegenüber hohen Frequenzen ist es dagegen exzellent entwickelt. Auch das Richtungshören ist bei Eulen wesentlich besser ausgebildet als bei uns Menschen. Das liegt daran, dass die Eule den Zeitunterschied zwischen dem Einfall der Schallwellen an den beiden Ohren wahrnimmt. Das Gehirn kann dadurch ausrechnen, aus welcher Richtung der Schall kommt. Unterstützt wird das noch durch die oben erwähnte unterschiedliche Position der Ohröffnungen.
Nicht zuletzt scheint das Verdrehen des Kopfes – nicht um die Vertikale, sondern um die Horizontale –, das für manche Eulenarten wie zum Beispiel den Bartkauz ganz typisch ist, auch die Fähigkeit, Geräuschen zu orten, noch zu verfeinern.

Eine gründliche Gefiederpflege ist auch für Eulen unerlässlich.

## Das Federkleid

Das Gefieder aller Eulen ist für deren Lebensweise als fliegender Beutegreifer, vor allem in der Dämmerung oder nachts, besonders geeignet. Die Färbung entspricht oft einer Mischung aus grauen, braunen, schwarzen und weißen Tönen, die in einer typischen Zeichnung aus Flecken, Streifen, Binden oder Punkten angeordnet sind. Somit sind Eulen sehr gut an ihre Umgebung angepasst und verschmelzen optisch zum Beispiel mit der Baumrinde, wenn sie tagsüber bewegungslos auf einem Ast nahe an einem Baumstamm ruhen. Andererseits sind sie durch diese Zeichnungen auch kaum auszumachen, wenn sie in der Dämmerung auf Beutejagd durch ihr Revier streichen.

Eulenfedern sind sehr lang, locker und weich, sodass die Tiere besonders im Bereich von Hals und Nacken viel dicker aussehen, als sie eigentlich sind. Die Vermutung, der Grund dafür könnte ein besonderer Wärmeschutz sein, trifft nicht zu, da auch tropische Eulenarten diese Besonderheit des Gefieders aufweisen.
Der eigentliche Grund ist nämlich der, dass Eulen ein möglichst lautloser Flug ermöglicht wird, um erfolgreich ihre Beutetiere zu schlagen. Bei vielen anderen Vögeln enthält das Fluggeräusch einen hohen Anteil an Ultraschallwellen. Da aber die Beutetiere von Eulen wie Mäuse und andere Kleinsäuger Ultraschall sehr gut wahrnehmen, ist es natürlich sinnvoll, wenn beim Anfliegen möglichst keine verräterischen Geräusche die Beutetiere warnen.
Eulenfedern besitzen einen speziellen Fransenkamm am äußeren Rand der Schwungfedern und lange, feine Borsten, die über die normalen Federn hinausragen. Dadurch sind Eulen in der Lage, nahezu geräuschlos zu fliegen. Dass die Natur hierbei auf einen möglichst hohen Jagderfolg abzielt, wird dadurch bestätigt, dass bei Eulen, die sich vor allem von Fischen und Krebsen ernähren, welche wiederum weniger gut Ultraschall wahrnehmen können, die Ultraschallegeräusche nicht so stark durch die Struktur der Federn abgefangen werden.

## Das Verhalten

Das Verhalten der Eulen ist äußerst vielfältig und keinesfalls streng nach „Tagesruhe" und „Nachtaktivität" eingeteilt. Sie genießen Sonnenbäder und werden dabei schon fast zu „Sonnenanbetern". Dann ziehen sie sich zurück auf ihren Ruheplatz im Halbschatten der Bäume und werden mit Eintritt der Dämmerung wieder die lautlosen Jäger der Nacht! Auch die Jagdmethoden können stark variieren. Eulen können ihre Beutetiere im Flug, vom Ansitz aus oder auch

Hier ist die volle Federpracht von zwei drohenden Europäischen Uhus zu sehen.

Auch Eulen sind sehr gelenkig.

zu Fuß schlagen. Viele Arten beherrschen mehrere dieser Methoden, um sich an verschiedene Gegebenheiten und Lebensräume anpassen zu können.

Mit Eulen verbindet man meistens den typischen zu bestimmten Jahreszeiten vernehmbaren Ruf, wenn die Männchen um das passende Weibchen werben oder später die Jungvögel nach ihren Eltern rufen. Der Ruf von Eulen kann einerseits als etwas „gruselig" empfunden werden, andererseits aber auch sehr harmonisch klingen oder sogar lustig – wie zum Beispiel der des Kuckuckskauzes. Diese Eule hat nämlich nicht ohne Grund diesen Namen erhalten, ist doch ihr Ruf durchaus mit dem eines Kuckucks leicht zu verwechseln. Aber auch viele andere Eulenarten haben ihren Namen ihren Lautäußerungen zu verdanken. So wurde zum Beispiel eine ganze Gattung, nämlich Uhu, wissenschaftlich *Bubo*, nach dem typischen Ruf benannt. Aber das Lautrepertoire der Eulen ist noch wesentlich vielfältiger als die oft weit zu hörenden Rufe. Fühlt sich nämlich eine Eule bedroht oder unsicher, kann sie noch ganz andere Töne von sich geben. Diese reichen von einem drohenden Schnabelklappern über ein raues Fauchen bis zu einem dumpfen Heulen oder gar einem Quieken. Diese Laute bekommt man aber meistens nur zu hören, wenn sich die Eule in unmittelbarer Nähe befindet.

Weitere Details zu Biologie und Verhalten der Eulen werden später in den einzelnen Artenporträts beschrieben.

# EULENHALTUNG UND EULENZUCHT – DIE RICHTIGE ENTSCHEIDUNG?

Steigen Sie ein in die geheimnisvolle Welt der Eulenzucht und auch Sie werden erleben:

WER EINMAL EINER EULE IN DIE AUGEN SIEHT, IST FÜR IMMER VERLOREN.

Wer kann dem Blick einer Eule wie diesem jungen Virginia-Uhu schon widerstehen?

Immer mehr Papageien- und Kleinvogelzüchter wenden sich in jüngerer Zeit den Eulen zu. Diese faszinierenden Tiere erobern langsam, aber unaufhörlich die Herzen der Züchter und Vogelliebhaber.
Denn wer sich einmal mit der Vielfältigkeit dieser Tiere auseinandergesetzt hat, kann sich ihrem Zauber nur noch schwer entziehen.

Viele Vogelfreunde erkennen mit Erstaunen, dass Eulen durchaus auch tagaktiv sind. Außerdem sind sie um ein Vielfaches ruhiger beziehungsweise ist ihr Ruf bedeutend angenehmer als zum Beispiel der von Papageien. Auch in Haltung und Pflege sind Eulen relativ „anspruchslos". Entgegen der landläufigen Meinung, eine Eule sei schreckhaft und scheu, muss gesagt werden, dass sie, sobald sie Vertrauen gefasst hat, durchaus zutraulich und zuweilen sogar äußerst anhänglich sein kann.

Egal, ob man sich für einen kleineren Vertreter – sei es aus Platzmangel oder aus reiner Passion – oder für eine größere Eulenart entscheidet, der Artenreichtum dieser wunderbaren Tiere ermöglicht es jedem Eulenliebhaber, „sein" Tier zu finden. Übrigens – die Größe einer Eule wird vom Scheitel bis zur Schwanzspitze, also bis zum Ende der Schwanzfedern, gemessen. Eine weitere Größenangabe ist die Flügelspannweite.

Wer sich für die Zucht einer kleinen Eule entschließt, der findet sicherlich bei den verschiedenen Sperlingskauzarten, die eine Größe von nur 13 bis 17 cm aufweisen, die richtige Art, wie zum Beispiel der Brasilianische Sperlingskauz (*Glaucidium brasilianum*).
Etwas größer mit 19 bis 21 cm ist die aus Afrika stammende Büscheleule (*Otus leucotis*). Der bei uns heimische Waldkauz (*Strix aluco*) weist schon eine Größe von 35 bis 47 cm auf. Wer noch ein etwas größeres Tier möchte, für den käme möglicherweise der Indische Uhu (*Bubo bengalensis*) mit 50 bis 56 cm infrage.
Oder soll es doch lieber ein „ganz Großer" sein? Hierzu zählt der Bartkauz (*Strix nebulosa*) mit stolzen 61 bis 84 cm. Mit seiner ruhigen und äußerst schnell zutraulich werdenden Wesensart steht er in der Beliebtheitsskala der Züchter ganz weit oben.

Dank ihrer ungewöhnlichen Zeichnung ist die Büscheleule sehr beliebt.

Der Bartkauz gehört zu den bei Eulenhaltern und -züchtern beliebtesten Arten.

Vorrangig für die Entscheidung, welche Eulenart gezüchtet werden soll, ist das Platzangebot. Bedenkt man, dass die Flügelspannweite eines Europäischen Uhus (bei einer Größe von 66 bis 71 cm) 1,50 Meter beträgt, muss die Voliere für solche Tiere mindestens 15 x 5 x 2,5 m groß sein, um eine artgerechte Haltung zu gewährleisten.

Einige Eulenarten, die nicht an unsere Winterkälte angepasst sind, benötigen außerdem noch einen Innenraum, der immer zur Verfügung stehen muss, für andere genügt eine von drei Seiten gegen Wind und Wetter geschützte Ecke in der Freivoliere.

## HINWEIS

Immer am Ende der jeweiligen Eulenporträts finden Sie Übersichten zu den speziellen Bedürfnissen der beschriebenen Eulenart im Bezug auf Volierengröße, Haltung, Fütterung, Beringung und so weiter.
Näheres über die richtige Haltung, die Ausstattung der Volieren, die Fütterung, Brutaufzucht und Gesundheit erfahren Sie auf den folgenden Seiten.

## Die ersten Fragen vor der Anschaffung

Bevor die ersten Eulen bei Ihnen einziehen, sollten Sie vorher noch einige wichtige Fragen klären, die im Folgenden aufgeführt sind. Denn sie sind dafür ausschlaggebend, ob überhaupt Eulen und – wenn ja – welche Tiere für Sie infrage kommen.

**Welche Eulenart möchte und kann ich halten?**
Diese Entscheidung will gut überlegt sein. Wichtig ist vorab: Haben Sie schon Erfahrung in der Eulenzucht gesammelt? Wenn ja, ist es vermutlich schon klar, welche Eulenart infrage kommt. Aufgrund Ihrer bisherigen Erfahrungen und Kenntnisse wird es Ihnen sicherlich leichter fallen, sich für die „richtige" Art zu entscheiden.

Für alle Neueinsteiger wird es natürlich etwas schwieriger. Meist „verliebt" man sich in eine Eulenart und möchte sie unbedingt haben. Aber leider ist nicht jede Eulenart für Anfänger empfehlenswert. Bei den ausführlichen Beschreibungen der einzelnen Arten finden Sie jeweils auch Hinweise dazu, ob diese Eulenart für Einsteiger geeignet ist oder lieber etwas für erfahrene Eulenzüchter.
Ein wichtiger, nicht zu unterschätzender Aspekt ist auch die Tatsache, dass die Tiere in der Balz- und Brutphase oft sehr aggressiv reagieren und ihr „Territorium" und ganz besonders die Nachzuchten dann auch sehr heftig verteidigen.

Es ist also ratsam, sich als Anfänger vor der Anschaffung der Tiere intensiv und ausführlich zu informieren. Jeder seriöse Züchter wird Ihnen hier gern mit Tipps und Ratschlägen zur Seite stehen.

Wer Eulen halten möchte, muss auf alle Fälle über ausreichend Platz für die geeignete Voliere verfügen.

**Darf ich überhaupt Eulen halten oder züchten?**
Auch bei der Eulenhaltung muss die rechtliche Seite beachtet werden. Sofern Sie „Neueinsteiger" in die Vogelzucht sind, informieren Sie sich bitte vor der Anschaffung der Tiere bei der für Ihre Region zuständigen Unteren Naturschutzbehörde über die Zulassungsbestimmungen, was die Haltung und Zucht von Eulen betrifft. Leider sind diese nicht nur von (Bundes-)Land zu (Bundes-)Land, sondern auch noch von Region zu Region total unterschiedlich. Nur eines ist in Deutschland bundesweit einheitlich: Zur Haltung von Eulen benötigen Sie **keinen** Falknerschein.

**Kann ich den Tieren genügend Raum für die Unterbringung zur Verfügung stellen?**
Wer Eulen halten möchte, muss ausreichend Platz für eine Außenvoliere und gegebenenfalls auch für einen Innenraum zur Verfügung haben. Daher wird auch gesetzlich vorgeschrieben, wie groß eine Außenvoliere und eine Innenvoliere für die einzelnen Arten, in Abhängigkeit von der Körpergröße der Tiere, sein müssen. Ebenso wird erklärt, ob ein Innenraum benötigt wird und ob dieser nur frostfrei oder zusätzlich auch noch beheizbar sein muss.

Ausreichend Platz und ein ruhiger Standort sind besonders wichtig, damit die Tiere ihre Brut aufziehen können.

Näheres zum Bau von Außen- und Innenvolieren sowie allgemeine Hinweise zu Haltung und Zucht von Eulen werden im folgenden Kapitel beschrieben.

**Wie sieht meine Nachbarschaft aus?**
Alle Eulen haben einen angenehmen Ruf – im doppelten Sinn. Ihr „Gesang" ist bei manchen Arten geheimnisvoll, bei manchen kräftig, bei manchen leise. Größere Eulen, wie zum Beispiel den Uhu, hört man über weite Distanzen, genau wie den Ruf des Steinkauzes. Dagegen sind die Schneeeule und verschiedene Zwergohreulen fast lautlos. Sehr angenehm ist auch der Ruf des Kuckuckskauzes, der fast schon verblüffend dem des heimischen Kuckucks gleicht.
Es ist also für jeden Liebhaber, auch bei sehr enger oder „lärmempfindlicher" Nachbarschaft, möglich, Eulen zu halten und zu züchten. Man sollte dann nur die richtige Artenwahl treffen, wenn es um die Lautäußerungen der Tiere geht.

## Außenvolieren

Die Maße der Volieren richten sich naturgemäß nach der jeweiligen Eulenart. Ganz wichtig für alle Eulenarten ist: Die Voliere muss länger als breit sein, damit die Tiere stets eine Rückzugsmöglichkeit haben. Bei der Beschreibung der einzelnen Eulenarten finden Sie Angaben darüber, welche Mindestmaße die Voliere haben muss.

Bei der Wahl des Standortes für die Voliere sollten Sie einen Platz wählen, an dem die Tiere möglichst wenig gestört werden. Die Voliere sollte sich also nicht direkt am Gartenzaun und auch nicht in unmittelbarer Nähe Ihrer Terrasse befinden. Zu viel Unruhe rund um die Voliere beeinträchtigt das Wohlbefinden der Tiere ungemein. Sie werden nervös und scheu. Auch können dadurch das Balzverhalten und somit die mögliche Brut gestört oder gar ganz unterbunden werden.
Es ist auch ganz wichtig zu verhindern, dass Katzen über die Voliere laufen. Auch das kann dazu führen, dass die Tiere nicht brüten.

### HALTUNGSVORSCHRIFTEN

Detaillierte Angaben zu den vorgeschriebenen Volierengrößen finden sie auch im Internet unter www.bmel.de. Unter den Suchbegriffen „Volierengrößen" und „Haltung von Greifvögeln und Eulen" erhalten Sie Zugang zu allen wichtigen Informationen über die vorgeschriebenen Haltungsbedingungen der einzelnen Arten.

Bepflanzungen sollten möglichst gitternah angebracht sein. Sofern Sie die Volieren auch mittig bepflanzen möchten, sollten Sie diese Gewächse im mittleren Volierenbereich möglichst niedrig halten, damit sie ohne Behinderung überflogen werden können und sich die Tiere keine Flügelschäden zuziehen. Ebenso sollten Sie unbedingt darauf achten, dass keine harten und – zum Beispiel nach dem Pflanzschnitt – spitzen Zweige herausragen. Denn hieran können sich die Tiere ernsthaft verletzen.
Zur Umzäunung der Volieren empfehlen wir Gitter mit einer Maschenweite von etwa 2x2 cm. Gut bewährt hat es sich, diese rundum etwa 10 cm ins Erdreich einzulassen. Damit wird das Durchgraben von Wildtieren (Fuchs, Marder und andere) weitestgehend verhindert.
Eine Seite der Voliere sollte über eine Tiefe von 2,00 m überdacht und von drei Seiten geschlossen werden.

Geeignete Sitzstangen in allen vier Ecken einer Voliere sind ganz wichtig.

Diese Maßnahme bietet den Tieren ausreichend Schutz vor Wind und Wetter.
Wichtig sind Sitzstangen in allen vier Ecken der Voliere. Ansonsten werden von den Tieren gern auch alle anderen Möglichkeiten zum Ansitzen genutzt.

Bitte achten Sie unbedingt darauf, dass die Stärke der Sitzstangen artgerecht ist. Sind diese zu dick oder zu dünn, können dadurch irreparable Fußschäden entstehen.
Das bedeutet, dass zum Beispiel ein Sibirischer Uhu oder andere Eulenarten in dieser Größe eine Sitzstange mit einem Durchmesser von etwa 10 cm benötigen. Die Sitzstange für kleine Tiere wie den Steinkauz darf dagegen nur etwa daumendick sein.
Die Stärke der Stange muss also „krallengerecht“ sein. Das Tier muss die Sitzstange im oberen Bereich bequem erfassen können, sodass sich die Krallen jeweils gut vorne und hinten festhalten können. Würden die Krallen die Stange komplett umfassen, wäre sie zu klein.
Außerdem darf die Sitzstange nicht glatt sein. Abgeschälte Äste und glatte Zweige wie zum Beispiel von Buche oder Kirschbaum sind ebenso ungeeignet wie Metallstangen.

In den Außenvolieren sollte man möglichst Naturboden verwenden. Bitte verzichten Sie auf Sand, Sägespäne oder Rindenmulch, da diese Materialien sehr schnell trocken werden und dann stauben.

Insbesondere Schneeeulen, die sich überwiegend auf dem Boden aufhalten, reagieren äußerst empfindlich auf Staub. Nicht selten bekommt es besonders bei dieser Eulenart zu einer durch Staub verursachten Aspergillose (siehe auch Seite 31). Einmal daran erkrankte Tiere sind meist nicht mehr zu retten.

Als ideale Bodeneinstreu hat sich für die Eulen, die sich viel am Boden aufhalten, trockenes Laub bewährt. Im Herbst gesammelt und in Säcken gelagert – bitte darauf achten, dass es vor dem Abfüllen vollkommen trocken ist – hat man den ganzen Winter über eine kostengünstige und bestens geeignete Voliereneinstreu.
Im Trockenbereich und unter den Sitzstangen ist eine 10 cm dicke Schotterauflage sinnvoll. Diese ist durch regelmäßiges Abspritzen relativ problemlos zu säubern.
Eulen nehmen hin und wieder sehr gern ein Bad. Daher ist das Aufstellen einer Wasserschale, die in ihrer Größe der Größe des Tieres angepasst ist, wichtig. Bewährt haben sich hier zum Beispiel die Untersetzer für Blumenkübel, die es ja in vielen verschiedenen Größen gibt.

## Innenvoliere

Verschiedene Eulenarten benötigen einen Innenraum, der aber nicht beheizt sein muss. Nur für einige wenige, wie zum Beispiel den Brasilianischen Sperlingskauz (*Glaucidium brasilianum*), ist jedoch ein temperierter Innenraum nötig. Ausreichend für alle Arten ist eine Innenraumgröße von etwa 2,00 x 2,00 m. Das Flugloch sollte eine Größe von etwa 20 cm im Quadrat haben. Auch für eine Innenvoliere gilt: Bitte keinen Sand, Sägespäne oder Rindenmulch als Einstreu verwenden.

In unseren Innenräumen hat sich folgende Methode bewährt:
Wir legen den gesamten Raum mit fester Pappe aus. Darauf verteilen wir eine dicke Lage **trockenes (!)** Laub oder Stroh. Diese Unterlage tauschen wir dann im Zwei-Wochen-Rhythmus aus.

Diese Halsbandeule kann sich entscheiden, ob sie sich im Innenraum aufhält oder durch das Flugloch einen Abstecher in die Außenvoliere macht.

Wenn Sie die Voliere mit Innenraum neu besetzen, empfiehlt es sich, die Tiere mindestens zwei Wochen im Innenraum einzugewöhnen, ehe Sie das Flugloch öffnen. Die tägliche Fütterung sollte auch nach dieser Eingewöhnungszeit weiterhin im Innenraum erfolgen.
Für Tiere, die einen Innenraum benötigen, müssen auch die erforderlichen Bruthilfen wie Kästen, Körbe oder Kisten, die später noch beschrieben werden, im Innenraum integriert werden.

## Ernährung

Gefüttert werden bei uns überwiegend Eintagsküken. Diese erhält man kartonweise gefrostet (pro Karton etwa 350 Stück) bei einschlägigen Tierparkversorgungsunternehmen.

Eintagsküken sind ideal für die Ernährung von Eulen geeignet.

Natürlich ist auch das Füttern von Ratten und Mäusen (auch diese Futtertiere erhält man gefrostet) richtig.
Die Fütterung erfolgt nur einmal täglich. In den Wintermonaten ist die beste Fütterungszeit gegen 16.00 Uhr, im Sommer wesentlich später. Als Richtwert kann man sagen: Die ideale Fütterungszeit ist kurz vor der beginnenden Dämmerung.
Die Futtermenge richtet sich naturgemäß nach der Größe der Tiere und liegt in der Regel bei ein bis acht Küken pro Tier und Tag. Diese Mengen sind in den Zeiten der Brutaufzucht natürlich entsprechend zu steigern. Hierbei ist es ratsam, sobald die Eulenküken gefüttert werden, den Dottersack der Futterküken teilweise zu entfernen, damit die Jungvögel nicht zu viel Cholesterin mit der Nahrung aufnehmen.
Von Vorteil für das Wohlbefinden der Tiere ist es auch, die täglichen Futtergaben zu variieren. So hat es sich bei den großen Eulen sehr bewährt, an einem Tag zwei Küken, am nächsten Tag acht Küken, dann wieder mal nur vier Küken und so weiter zu füttern. Liegen am Tagesanfang noch unberührte Küken in der Voliere, ist dies ein Beweis der Überfütterung und erfordert eine entsprechende Reduzierung am Folgetag.
Entgegen der weit verbreiteten Meinung, die auch viele große Zoos vertreten, nämlich die Tiere einmal wöchentlich fasten zu lassen, empfehlen wir die obige Fütterungsmethode. Nach unseren Beobachtungen schlingen die Tiere nach einem absoluten Fastentag die Futterküken äußerst gierig und im Ganzen hinunter. Dagegen werden die Küken bei täglicher Fütterung auch von den großen Eulen zerpflückt. Dies hat den Vorteil, dass sowohl der Dottersack nicht verschlungen wird als auch schwer verdauliche Teile wie Magen und so weiter nicht mitgefressen werden. Somit ist zum einen die Aufnahme von Cholesterin einge-

schränkt und zum anderen ist die durch das Ausscheiden von Gewölle verursachte Belastung für das Tier geringer.

Das Ausscheiden von Gewölle ist ein ganz normales Verhalten bei verschiedenen Vogelgruppen, um unverdauliche Nahrung, die vom Muskelmagen nicht aufgenommen werden kann, herauszuwürgen. Insbesondere bei Eulen gibt das Gewölle einen genauen Aufschluss über die Zusammensetzung der Nahrung, was natürlich für Forscher sehr hilfreich ist.
Die unverdaulichen Futterteile wie Federn, Knochen und Ähnliches werden jeweils nach den Mahlzeiten von den Tieren ausgeschieden. Daher ist es auch wichtig, einmal täglich zu füttern. Übrigens: Anhaltendes Gähnen tritt immer in Verbindung mit dem anschließenden Auswurf von Gewölle auf.
Hat eine Eule noch nicht das Gewölle ausgeschieden, wird sie auch keine neue Nahrung aufnehmen. Erst wenn sie sich der unverdaulichen Reste wie Knochen und Federn „erledigt" hat, wird sie wieder Appetit haben.
Dies gilt es zu berücksichtigen, wenn man größere Tiere verfüttert. Stand für eine Eule an einem Tag zum Beispiel eine ausgewachsene Ratte oder ein anderes größeres Futtertier auf dem Speiseplan, sollte die nächsten ein oder zwei Tage eine Futterpause eingelegt werden, damit der Körper diese relativ große Menge an Nahrung auch richtig verarbeiten kann.

**WICHTIGER HINWEIS!**

Falls größere Futtertiere wie Tauben, Hühner, Ratten und andere Säugetiere verfüttert werden sollen: Entfernen Sie bei diesen Futtertieren auf alle Fälle zuvor die Innereien wie Magen und Darm, da die meisten dieser Tiere von Kokzidien – häufig als Darmparasiten vorkommende Einzeller – befallen sind, die auch bei Eulen eine Erkrankung hervorrufen können.

## Krankheiten und Parasiten

Im Allgemeinen sind Eulen äußerst resistent gegenüber Krankheiten. Allerdings kann eine falsche Bodenbeschaffenheit in den Volieren zu einer **Aspergillose**-Erkrankung führen. Dies ist eine durch den Schlauchpilz der Gattung *Aspergillus* hervorgerufene Infektionskrankheit, die häufig bei Vögeln vorkommt. Sie führt vor allem zur Erkrankung der Atmungsorgane, kann aber auch die Haut und andere Organe in Mitleidenschaft ziehen. Die typischen Symptome sind Teilnahmslosigkeit, Schwäche, Abmagerung und glanzloses, gesträubtes Gefieder.
Aspergillose kann durch Antimykotika behandelt werden. Hauptursache für diese Krankheit ist eine zu geringe Luftfeuchtigkeit, wodurch die Atmungsorgane empfänglich werden für eine Besiedelung mit Pilzen.
Insbesondere Schneeeulen reagieren sehr empfindlich auf staubtrockene Böden. Im Kapitel „Außenvolieren" wurde ja schon darauf hingewiesen, dass für den Boden kein Material verwendet werden soll, das schnell austrocknet und dadurch staubt.

Nicht zu unterschätzen ist auch die **Hirschlausfliege**. Dieser etwa 5 mm große Schmarotzer der äußeren Haut (Ektoparasit) ernährt sich vom Blut seines Wirtstieres. Einmal befallen können sich ganze Schwärme dieser Schädlinge an einer Eule festsaugen. Probates Gegenmittel ist hier eine sofortige Behandlung der befallenen Tiere mit

Frontline-Spray. Prophylaktisch sollten auch die Bodenflächen unter den Sitzstangen eingesprüht werden.

Oben wurde schon erwähnt, dass die meisten für Eulen geeigneten größeren Futtertiere **Kokzidien** enthalten. Diese parasitären Einzeller führen zwar bei vielen ihrer Wirtstiere nicht immer zu ernsthaften Symptomen, können aber bei Eulen durchaus schlimme Darmentzündungen hervorrufen. Erkrankte Tiere müssen medikamentös behandelt werde. Bei Jungvögeln kommt es sogar nicht

Schleiereulen lassen sich auch gut in einer Gruppe halten.

selten zu Todesfällen. Daher sollte man unbedingt darauf achten, durch die richtige Fütterungshygiene einen möglichen Befall zu vermeiden.

## Paar- oder Gesellschaftshaltung

In der Regel werden Eulen paarweise gehalten. Es gibt aber auch einige Arten, bei denen eine Gemeinschaftshaltung sogar von Vorteil ist. Voraussetzung ist natürlich eine entsprechend große Voliere. Zu diesen Arten zählen die Waldohreule und der Fleckenuhu. Diese beiden Eulenarten sollten allerdings bereits als Jungtiere aneinander gewöhnt werden, damit sie sich später gut vertragen. Auch Zwergeule und Raufußkauz sind für die gemeinschaftliche Haltung in einer Gruppe geeignet. (Näheres dazu finden Sie bei den verschiedenen Artenporträts).

### Partneraustausch

Hin und wieder kommt es vor, dass Partnertiere nicht miteinander harmonieren. Die Tiere machen dann keinerlei Anstalten zusammenzufinden. Werden dennoch Eier gelegt, bleiben sie unbefruchtet oder werden gefressen. In diesem Fall sollte ein Partnertausch vorgenommen werden.
Es kann aber auch andere Gründe geben, warum Eier unbefruchtet bleiben. Das sollte auf alle Fälle abgeklärt werden, bevor ein Partnertausch vorgenommen wird. So werden die Tiere zum Beispiel ganz empfindlich gestört, wenn Katzen oder andere Tiere über die Voliere laufen oder daran herumklettern. Ein weiterer großer Störfaktor kann auch die Ablenkung des Hahnes durch Tiere in der Nebenvoliere oder durch laute und lebhafte Tätigkeiten von Personen in der Nähe der Voliere sein. Ganz wichtig ist auch, dass die Sitzstangen nicht zu glatt sind. Findet das Weibchen keinen festen Halt, kann dies dazu führen, dass die Befruchtung bei der Paarung nicht gelingt.

**GANZ WICHTIG:**

Der Austausch der Partnertiere sollte niemals in der Balz- und Brutzeit vorgenommen werden!

Ist ein Partnertausch unumgänglich, sollte man Folgendes unbedingt beachten:
Sinnvoll ist es, die zu tauschenden Partner vor der Zusammenführung für kurze Zeit einzeln zu halten und dann zusammen in eine neue Voliere zu setzen. Bewährt hat sich auch, erst das Männchen in einer Voliere einzugewöhnen und dann, nach einiger Zeit, das Weibchen dazuzusetzen. Im Umkehrfall kann es zu Problemen kommen.
Verendet eines der Tiere und möchte man mit dem verbleibenden einen neuen Partner vergesellschaften, sollte man damit aber unbedingt einige Wochen warten. Denn die Tiere benötigen diese Zeit, um zu realisieren, dass der bisherige Partner wirklich „verschwunden" ist. Erst wenn das geschehen ist, werden sie einen neuen Partner akzeptieren.

## Nistmöglichkeiten

Was die Nistmöglichkeiten angeht, sind die Ansprüche der verschiedenen Arten recht unterschiedlich. So gräbt zum Beispiel das Uhu-Männchen zu Beginn der Balzzeit an mehreren Stellen in der Voliere Mulden. Das Weibchen wählt dann – sehr sorgfältig – eine davon als Nistplatz aus.

Dieses Uhu-Weibchen hat den richtigen Platz zum Aufziehen ihrer Jungen gefunden.

Dieses Kennicotti-Weibchen hat schon ihr Nest bezogen.

Andere Eulen bevorzugen einen hohlen Baumstamm, eine erhöht angebrachte Plattform oder einen ebenfalls erhöht angebrachten Korb.
Bei kleineren Eulenarten empfehlen wir das Aufstellen von zwei bis drei Brutkästen zur Auswahl. Oft wird dann einer der Brutkästen von den Eulen als Futterdepot verwendet. Ganz besonders zu beachten ist, dass manche Arten, wie zum Beispiel Sperlings- und Perlkauz, schon Wochen vor Brutbeginn den Brutkasten vorbereiten. Hierzu horten sie große Mengen von Futterküken im Kasten, die sie dort vertrocknen lassen. Dieses „Trockenbett" dient dann als Unterlage für das Gelege. Es ist also ganz wichtig, auch wenn es uns sehr unhygienisch erscheinen mag, diese Vorgehensweise der Tiere nicht zu unterbinden.

## Die Brut

Nach einigen Tagen „Probesitzen" im und neben dem Brutplatz legt die Eule das erste Ei. Weitere Eier folgen im Abstand von etwa zwei Tagen. Bebrütet wird meist ab dem ersten Ei, daher kann nach dem Schlupf der Altersunterschied der Küken oft bis zu zwei Wochen betragen. Bei ziemlich großen Gelegen von vier, fünf oder noch mehr Eiern kann es dann aber durchaus vorkommen, dass die zuletzt geschlüpften Küken so viel kleiner sind als ihre Geschwister, dass sie diesen Unterschied nicht mehr aufholen können, weil sie sich bei der Fütterung durch die Eltern nicht durchsetzen können und schließlich unterversorgt bleiben und vielleicht sogar verhungern. Und es

kann sogar vorkommen, dass kleine „Nesthäkchen" von den Eltern oder auch Geschwistern getötet werden. Daher ist es bei großen Gelegen häufig sinnvoll, die jüngsten Küken dem Nest zu entnehmen und mit der Hand aufzuziehen, wenn man den Kleinen eine gute Chance zum Überleben bieten möchte. (Näheres hierzu finden Sie auf Seite 40 ff.).
Es kann aber auch vorkommen, dass das Eulen-Weibchen nur ungefähr die Ausgangstemperatur so lange aufrechterhält, bis das letzte Ei gelegt ist, und dann erst mit dem Brüten beginnt. In dem Fall schlüpfen die Küken dann ungefähr zur selben Zeit.

Eine Brutkontrolle in den ersten Wochen sollte nicht vorgenommen werden, da insbesondere kleine Eulen hierauf äußerst empfindlich reagieren und danach nicht selten die Jungen töten oder fressen.
Ein weiterer wichtiger Aspekt, den man unbedingt berücksichtigen sollte, spielt besonders bei kleineren Eulenarten eine wichtige Rolle. Sie lassen häufig die Futterküken verwesen, um dann später die dadurch entstehenden Maden und Würmer zu verfüttern. Das wirkt auf uns zwar äußerst unappetitlich, aber ist keineswegs schädlich. Also auf keinen Fall verwesende Futtertiere entsorgen!

Bei Eulen werden die Eier in der Regel immer vom Weibchen ausgebrütet. Das Männchen versorgt in der Zeit seine Partnerin – und auch später seinen Nachwuchs – mit Nahrung und verteidigt auch sein Revier und seine Familie. Bevor das Weibchen mit dem Brüten beginnt, rupft es sich an der Brust in Form einer rundlichen oder eiförmigen Stelle die Federn aus. Mit diesem „Brutfleck" übernimmt sie den Schutz und auch das Drehen des Eies. Der Brustfleck hat aber auch noch eine andere Funktion, die

In manchen Fällen ist es sinnvoll, ein Küken mit der Hand aufzuziehen, um ihm auch eine gute Überlebenschance zu geben.

besonders bei Bodenbrütern äußerst sinnvoll ist. Indem das Eulen-Weibchen die Eier mithilfe ihrer kahlen Stelle bedeckt und auch dreht, werden die Eier gesäubert. Außerdem scheint die Eule über die Haut eine Art keimtötende Substanz abzusondern, da Eier, die so gepflegt werden, nicht infiziert werden, auch wenn sie in der Bodenmulde mit viel Schmutz und möglichen Erregern Kontakt haben. Eier, die nicht auf diese Art von der Mutter versorgt werden, verschmutzen schnell und sterben oft durch irgendwelche Infektionen ab.

Dieses Uhu-Männchen verteidigt sehr vehement seine Familie.

Alle Eulen sind während der Brutphase mit respektvoller Vorsicht zu genießen, das heißt, ab der ersten Eiablage ist es ratsam, die Voliere mit Kopfschutz und eventuell einem Besen oder ähnlichen, zur Abwehr geeigneten Utensilien zu betreten, um sich vor einer möglichen Attacke durch die Elterntiere schützen zu können. Grundsätzlich sollte man während der Brutzeit aber sowieso unnötige Beunruhigungen der Tiere vermeiden und darauf bedacht sein, das Betreten der Volieren auf ein Minimum zu begrenzen.

## CITES-PFLICHT

CITES ist die Abkürzung für **Convention on International Trade in Endangered Species of Wild Fauna and Flora** (Übereinkommen über den internationalen Handel mit gefährdeten Arten frei lebender Tiere und Pflanzen). Ziel ist es, den Handel mit wild lebenden Tieren so zu kontrollieren, dass die Arterhaltung nicht gefährdet ist.
Alle europäischen und eurasischen Eulenarten sind CITES-pflichtig (sogenannte A-Tiere), das heißt, sie müssen registriert sein und es muss eine CITES-Bescheinigung für jedes Tier ausgestellt werden. Die anderen hier aufgeführten Eulenarten sind nicht CITES-pflichtig (B-Tiere), müssen aber trotzdem beringt werden. Nähere Informationen erhalten Sie bei der für Ihre Region zuständige Untere Naturschutzbehörde.

## Beringen

Die eigentliche Brutzeit variiert je nach Eulenart und dauert zwischen 28 bis 34 Tage. Sobald die Kleinen geschlüpft sind, ist es Zeit, sich um die notwendige Beringung zu kümmern.
Beringt werden sollten die Tiere zwischen dem 15. und 20. Tag nach Schlupf.

Grundsätzlich müssen alle in Gefangenschaft aufgezogene Eulen beringt werden. Streng vorgeschrieben sind bei CITES-pflichtigen, also A-Tieren, geschlossene Ringe oder ein Chip.
Aber auch bei nicht CITES-pflichtigen, also B-Tieren, wird neuerdings ein offener Ring nur noch selten toleriert. Bei Zuwiderhandlung wird von manchen Behörden ein ganz genauer Nachweis über Herkunft und Elterntiere (Züchteranschrift und Ringnummern der Elterntiere bis hin zum DNA-Nachweis) verlangt.

Die Ringe und weitere Informationen erhalten Sie unter verschiedenen Adressen, von denen die wichtigsten in Deutschland im Folgenden aufgeführt sind.

Alle Ringe, die man von dort beziehen kann, werden immer geschlossen geliefert. Weiter Bezugsquellen finden Sie im Internet.

**Bundesverband für fachgerechten Natur- und Artenschutz (BNA) e. V.**
Ostendstraße 4
76707 Hambrücken
Telefon: 07255/2800
Fax: 07255/8355
E-Mail: gs@bna-ev.de

**Vereinigung für Artenschutz, Vogelhaltung und Vogelzucht (AZ) e. V.**
AZ-Geschäftsstelle
Postfach 1168
71501 Backnang
Telefon: 07191/82439
Fax: 07191/85957
E-Mail: geschaeftsstelle@azvogelzucht.de

**Vereinigung für Zucht und Erhaltung einheimischer und fremdländischer Vögel (VZE) e. V.**
Geschäftsstelle
Bornaische Straße 210
04279 Leipzig
Telefon: 0341/2153917
Fax: 0341/1497934
E-Mail: info@vze-online.net

An den Streifen auf den Schwanzfedern kann man schon bei jungen Schneeeulen das Geschlecht erkennen.

## Geschlechtsbestimmung

In der Regel ist bei allen Eulen das männliche Tier kleiner und leichter als das Weibchen. Bei den größeren Arten kann der Gewichtsunterschied bis zu 2 kg betragen.
Die einzige Eulenart, bei der die Zeichnung des Gefieders von ausgewachsenen Tieren gravierend voneinander abweicht, ist die Schneeeule.

Während das Männchen fast schneeweiß befiedert ist und nur einzelne dunkle Flecken aufweist, zeigt das Federkleid des Weibchens an Hinterkopf, Flügeln und Körper ausgeprägte, dunkle Querstreifen. Auch männliche Jungvögel besitzen noch eine Reihe dunkler Flecken, die im erwachsenen Alter verschwinden.

Das Geschlecht der Schneeeulen kann man bereits beim Jungvogel an den Schwanzfedern erkennen. Weibliche Tiere haben fünf Querstreifen, männliche drei.

Erkennungsmerkmal bei vielen Tieren ist auch die Stimmlage. Während der Ruf des Männchens, zum Beispiel beim Sibirischen Uhu (*Bubo bubo sibiricus*), sehr tief klingt, ruft das Weibchen deutlich heller.
Eine weitere Möglichkeit für die Geschlechtsbestimmung ist eine DNA-Untersuchung mittels Federprobe. Hierfür sollten bitte nur Brust- oder Rückenfedern gezogen werden, niemals Schwanz- oder Schwungfedern. Nach unseren Erfahrungen liegt die Fehlerquote bei dieser Methode der Geschlechtsbestimmung allerdings bei etwa 5 Prozent.

Ein Schneeeulen-Pärchen – links das Weibchen und rechts das Männchen.

Bei fachkundiger Handhabung kann der Eule für die DNA-Bestimmung auch ein Tropfen Blut entnommen werden. Absolute Sicherheit über das jeweilige Geschlecht der Tiere bringt natürlich eine Endoskopie. Allerdings ist diese für den Vogel sehr belastend, da sie nur unter Narkose durchgeführt werden kann.

## Handaufzucht

Die Handaufzucht von Eulen ist ein äußerst diffiziles Thema, das mit sehr viel Verantwortung und Fingerspitzengefühl behandelt werden sollte. Aber gerade deshalb möchten wir ihm an dieser Stelle ein Kapitel widmen.

Eulenküken sollten nie allein aufgezogen werden. Hier haben sich verschiedene Uhu-Arten und ein Chacokauz zusammengefunden.

Ganz oben muss die Frage stehen: „Warum möchte ich ein von Hand aufgezogenes Tier?" Bitte vergessen Sie nicht: Die Eule ist kein Haustier wie Hund, Katze oder Meerschweinchen und vor allem – sie ist kein Schmusetier! Keinesfalls sollte man versuchen, sie in irgendeiner Art und Weise zu „vermenschlichen".
Eulen haben extrem starke Naturinstinkte und brauchen vor allem eines: einen Partner. Diesen kann der Mensch auf Dauer nicht ersetzen.
Natürlich kann es zwingende Gründe für die Handaufzucht geben, wenn zum Beispiel das Weibchen das Gelege nicht ordentlich bebrütet, die Eier sonst gefressen oder die bereits geschlüpften Küken nicht ordentlich versorgt werden. In der Regel sind das jedoch absolute Ausnahmefälle. Sofern Sie sich nun trotzdem, auch ohne zwingenden Grund, zur Handaufzucht entschließen, sollten Sie unbedingt einige wichtige Regeln beachten.

Für Eulen ist es sehr wichtig, nicht als Einzeltier aufgezogen zu werden. Es sollten immer wenigstens zwei Tiere, besser mehr – wobei es sich durchaus um verschiedene Arten handeln kann – in einer Gruppe zusammen aufwachsen. Hierdurch erhalten sie Gelegenheit, Verbindung zu ihresgleichen zu haben und sind dann auch nicht ausschließlich auf den Menschen geprägt. Trotzdem sind sie später in der Voliere nicht mehr so scheu. Sie kommen beim Füttern auf die Hand und, was ganz wichtig ist, sie bleiben dadurch später auch zuchtfähig.

Sie haben zwei Möglichkeiten der Handaufzucht: einerseits die Maschinenbrut, andererseits die Naturbrut. Zwar lehnen wir die Maschinenbrut grundsätzlich ab. Unter Umständen kann es jedoch unumgänglich sein, Eier mit der Maschine auszubrüten, um die Küken zu retten.

## Maschinenbrut

Bewährt hat es sich, die Eier etwa 20 Tage vom Altvogel „anbrüten" zu lassen. Hierdurch werden Pannen, die durch Temperaturschwankungen des Brutgerätes auftreten können, weitestgehend vermieden.
Sofern Sie das erste Ei sofort nach dem Legen, also gleich ab dem ersten Tag künstlich bebrüten wollen, ist der Einsatz von zwei Brutmaschinen, bei denen die Luftfeuchtigkeit verschieden hoch eingestellt werden kann, zu empfehlen. Denn mit der richtigen Luftfeuchtigkeit kann man die Entwicklung und das richtige Gewicht beeinflussen und so für die verschiedenen Eier die richtige Luftfeuchtigkeit einstellen.

Nun sollten Sie das Gewicht des Eies regelmäßig kontrollieren, um bei Auffälligkeiten (zu hoch/zu niedrig) sofort gegensteuern zu können. Zum Ende der Brutzeit muss sich das Eigengewicht des Eies um etwa 16 Prozent reduziert haben.
Das Gewicht muss täglich kontrolliert und in eine Tabelle eingetragen werden. Als Hilfe zur Berechnung dient – wenn man 30 Tage Brutdauer zugrunde legt – folgende Faustformel:

Eigewicht : 100 x 16 : 30 = Wert der täglichen Abnahme

$$\frac{\text{Eigewicht}}{100} \times \frac{16\ (= \%\ \text{Abnahme})}{\text{Brutdauer}} = \text{xxx g tägl. Abnahme}$$

Ist das Gewicht zu niedrig, erhöhen Sie die Luftfeuchtigkeit, ist das Gewicht zu hoch, reduzieren Sie diese.

Achten Sie darauf, dass die Brutmaschine in einem Raum mit konstanter Temperatur (etwa 10 °C) aufgestellt wird. Ideal geeignet sind fensterlose, möglichst nach Norden ausgerichtete Kellerräume. Eminent wichtig ist auch, dass der Brutraum penibel sauber gehalten wird.
Bebrütet werden die Eier mit 37,1 °C. Temperaturschwankungen nach unten müssen vermieden werden. Nach oben wird eine Abweichung von 0,2 °C, also eine Höchsttemperatur von 37,3 °C, toleriert.
Sofern Sie einen Brutapparat ohne Wendemechanismus haben, müssen Sie die Eier dreimal täglich per Hand wenden. Andernfalls stellen Sie den Brutapparat entsprechend ein.

Wichtig ist es, die Eier täglich zweimal leicht mit lauwarmem Wasser zu besprühen und jeweils etwa fünf Minuten aus der Brutmaschine zu nehmen, um sie abzukühlen. Dies sollte jedoch frühestens ab dem 15. Tag erfolgen.

Die Luftfeuchtigkeit in der Maschine beträgt, bei normalen Raumverhältnissen, 50 Prozent. Sollten Sie eine Brutmaschine verwenden, bei der die gewünschte

### DER RICHTIGE BRUTAPPARAT

An dieser Stelle genaue Details über die verschiedenen Brutapparate zu beschreiben, würde den Rahmen dieses Buches sprengen. Wer sich für die Handaufzucht näher interessiert und sich einen Brutapparat zulegen möchte, kann sich im Fachhandel und im Internet vorab gründlich darüber informieren. Es lohnt sich aber auf alle Fälle, hochwertige Geräte zu wählen, in denen die Eier gewendet werden und mit denen man die Temperatur und die Luftfeuchtigkeit genau regulieren kann. Denn dadurch erhöht sich auch die Chance einer erfolgreichen Handaufzucht.

Luftfeuchtigkeit nicht eingestellt und automatisch geregelt werden kann, empfiehlt es sich, eine offene Schale mit temperiertem, also lauwarmem Wasser (es darf auf keinen Fall kalt sein, weil es sonst die Bruttemperatur herabsenkt) in die Brutmaschine zu stellen, um die Luftfeuchtigkeit zu erhöhen. In dem Fall muss dann aber häufig mittels eines Hygrometers die Luftfeuchtigkeit kontrolliert und – falls erforderlich – erhöht oder erniedrigt werden.
Sobald das Ei angepickt ist, wird die Luftfeuchtigkeit auf mindestens 75 Prozent erhöht, damit die Eihaut nicht eintrocknet.
Ab diesem Zeitpunkt werden die Eier auch nicht mehr gewendet. Bei Brutmaschinen mit Wendeautomatik sollte diese dann deaktiviert werden. Falls Sie noch weitere Eier zum Bebrüten in der Maschine haben, die noch gewendet werden müssen, ist in dem Fall eine zweite Brutmaschine unerlässlich.

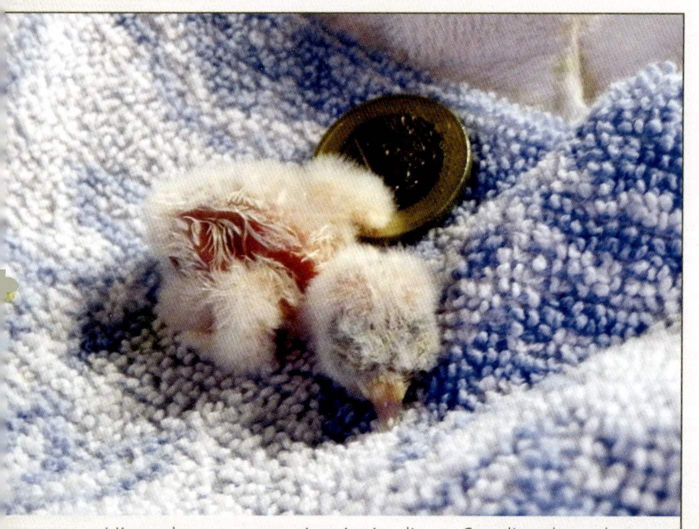
Hier erkennt man, wie winzig dieser Sperlingskauz kurz nach dem Schlupf ist.

Nun benötigen Sie viel Geduld. Es kann bis zu zwei Tage dauern, bis das Küken den Dottersack eingezogen und sich selbstständig aus der Schale befreit hat. Sollte es das Küken wider Erwarten nicht schaffen, aus der Schale zu kommen, können Sie mit größter Sorgfalt etwas nachhelfen, indem Sie kleinste Teile der Schale ganz vorsichtig entfernen.
Aber Vorsicht: Sobald die Eihaut blutet, sind diese Hilfsmaßnahmen sofort einzustellen!

Nach dem Schlüpfen verbleibt das Küken noch etwa 15 Stunden, ohne gefüttert zu werden, in der Brutmaschine. Anschließend erfolgt der Umzug in einen Korb oder etwas Ähnliches. Ab diesem Zeitpunkt werden Maschinen- und Naturbrutküken gleichermaßen aufgezogen.

Es kann durchaus sein, dass auch Küken aus einer Naturbrut schließlich doch mit Hand aufgezogen werden müssen. Das ist vor allem erforderlich, wenn die Eltern die Küken nicht annehmen und nicht versorgen. Besonders häufig kommt das – wie schon zuvor beschrieben – bei recht großen Gelegen vor, wenn die zuletzt geschlüpften Küken nicht ausreichend versorgt werden und in ihrer Entwicklung einfach nicht mithalten können.

Sollen Küken aus der Naturbrut mit Hand aufgezogen werden, nehmen Sie etwa eine Woche, nachdem die vom Altvogel ausgebrüteten Küken geschlüpft sind, zwei Tiere aus dem Nest.

**HINWEIS**

Sollten Sie ein Eulenküken, das in der freien Natur gefunden wurde, aufziehen, sind Sie später dazu verpflichtet, das Tier wieder auszuwildern. In dem Fall müssen Sie die kleine Eule so früh wie möglich an das Leben in freier Natur vorbereiten, indem sie lernt, Beute zu schlagen und sich an die verschiedensten Gegebenheiten in ihrem Lebensraum zu gewöhnen. Eine verantwortungsvolle und sehr aufwendige Aufgabe!

### Aufzucht von Maschinen- und Naturbrutküken

Das Behältnis mit den Küken sollte nun mit einer entsprechenden Wärmequelle versorgt werden. Hierfür bringen Sie in einer Höhe von etwa 60 cm über dem Korb einen 60-Watt-Dunkelstrahler an (kein UV-Licht!). Die Küken benötigen eine konstante Temperatur von 25 bis 28 °C. Bitte stellen Sie auch sicher, dass die Lampe so platziert ist – also nicht genau über der Mitte des Korbs –, dass die Küken, falls es ihnen unter der Lampe zu warm werden sollte, problemlos zur Seite rücken können, um die für sie am besten geeignete Wohlfühltemperatur zu finden. Nun kann auch das Füttern, in kleinen Mengen, beginnen (siehe unten).

Mit fortschreitender Befiederung der Tiere wird dann die zusätzliche Wärmezufuhr kontinuierlich reduziert und später ganz eingestellt.

Der Jungvogel kotet instinktiv, von Geburt an, über den Nestrand hinaus. Deshalb sollte die Höhe des Korbrands höchstens 10 cm betragen, damit das dem Küken auch gelingt. Stellen Sie den „Aufenthaltskorb" der Tiere in ein weiteres, größeres Behältnis wie einen großen Karton oder Ähnliches, das eine höhere Begrenzung hat. Damit erleichtern Sie sich die Reinigung und stellen auch sicher, dass der Jungvogel nicht über den Rand klettern kann. Ganz wichtig ist auch, dass der Boden nicht glatt ist. Ein unebener Korbboden oder eine Unterlage aus dünnen Zweigen ist ideal. Dies gewährleistet, dass sich die Tiere gut festhalten können und nicht die Füße spreizen müssen, um Gleichgewicht zu halten. Denn dadurch können Missbildungen der Füße entstehen, was durch eine geeignete Unterlage vermieden werden kann.

## Fütterung der Küken

Gefüttert werden die Küken anfangs viermal täglich. Aber bitte geben Sie den Kleinen nicht zu viel auf einmal, denn auch hier gilt der schöne Satz: Weniger ist mehr. Achten Sie bitte auch darauf, dass die Nasenlöcher nach dem Füttern nicht verklebt sind. Bei Bedarf sollten Sie den Schnabel mit einem feuchten Tuch abwischen.

Gefüttert werden Eintagsküken, die Sie wie folgt vorbereiten: Entfernen Sie den Kopf, die Federn, die Füße, den Dottersack und alle Innereien. Den verbleibenden Torso pürieren Sie in einem Mixer mit den Knochen (dies ist wichtig, da die Knochen alle für die Tiere wertvollen Aufbaustoffe enthalten) zu einer homogenen Masse. Diese kann nun, mittels einer Pinzette, an die Tiere verfüttert werden.
Die zuvor beiseite gelegten Innereien schneiden Sie klein und verfüttern sie ebenfalls. Die Innereien sollten aber niemals mitpüriert werden, da die Masse sonst zu flüssig wird. Der Magen der Eintagsküken sollte allerdings nie-

Nach dem Füttern ist der Schnabel der Küken oft verklebt und sollte dann gereinigt werden.

mals verfüttert werden. Er ist unverträglich und wird selbst von den Alttieren verschmäht.
Nach etwa drei Wochen können Sie langsam beginnen, Gewölle bildende Teile wie Kopf, Füße und Federn ebenso zu verfüttern.
Reduzieren Sie die Futtergaben allmählich auf dreimal, dann auf zweimal und schließlich nach sechs Wochen auf einmal täglich. Füttern Sie nun möglichst nur noch am Abend und achten Sie darauf, dass die Tiere täglich Gewölle werfen.

Jetzt ist es auch langsam an der Zeit, die Jungtiere – tagsüber – in einer geschützten Voliere herumklettern zu lassen. Wann die Jungtiere der einzelnen Arten flügge werden und schließlich die Eltern verlassen, wird in den einzelnen Artenporträts beschrieben. Bis sie aber völlig selbstständig sind, können die Jungtiere bei ihren Eltern in den Volieren belassen werden, auch wenn sie dann schon deren Größe erreicht haben und fast nicht mehr von den Alttieren zu unterscheiden sind.

## WICHTIGER HINWEIS

Wir möchten hier ausdrücklich darauf hinweisen, dass unsere Tipps zur Kunstbrut nur allgemeine Hinweise enthalten können.
Das Thema ist derart komplex und weiträumig, dass es auf einigen wenigen Seiten detailliert nicht behandelt werden kann. Wir raten daher unbedingt dazu, sich mit entsprechender Fachliteratur, die in einem breiten Spektrum angeboten wird, näher zu informieren.

Dieser Uhu-Jungvogel ist schon groß genug für seine ersten Kletterübungen.

# EULENPORTRÄTS

Im Folgenden werden alle einheimischen und eine Reihe weiterer, aus anderen Kontinenten stammende Eulenarten – sowie einige der Unterarten – vorgestellt, mit deren Haltung und Zucht wir in den letzten dreißig Jahren Erfahrungen sammeln konnten.

Neben wichtigen Informationen zu Herkunft, Verbreitungsgebiet, Jagd- und Brutverhalten, Aufzucht der Jungen sowie Besonderheiten finden Sie auch Hinweise für die geeigneten Haltungsbedingungen, die richtige Ringgröße und darüber, ob es sich um CITES-pflichtige Tiere handelt.

Die Eulenporträts sind nach den üblichen deutschen Namen alphabetisch sortiert. Ebenso werden der wissenschaftliche Name und eventuelle Synonyme für die deutsche und auch wissenschaftliche Bezeichnung aufgeführt.

Zu den wissenschaftlichen Namen lässt sich sagen, dass es aufgrund neuerer Forschungsergebnisse immer wieder vorkommt, dass sich Bezeichnungen oder Zuordnungen zu bestimmten Gattungen ändern können. Das ist auch gerade bei den Eulenvögeln in den letzten Jahren immer wieder vorgekommen. Wenn solche Änderungen erfolgt sind, wird darauf im Text hingewiesen. Es kann aber durchaus sein, dass auch in absehbarer Zukunft die Wissenschaft zum Beispiel durch immer weiter verbesserte Möglichkeiten der DNA-Tests oder eventuell auch sogar durch die Entdeckung neuer Arten oder Unterarten Änderungen in der Systematik vornimmt.

Die Angaben in diesem Buch beziehen sich auf den aktuellen Stand bei Drucklegung.

## Die Systematik der Eulen

Die Eulen nehmen in der **Klasse der Vögel (Aves)** eine eigene **Ordnung (Strigiformes)** ein.
Innerhalb dieser Ordnung werden nur zwei Familien unterschieden.

Die Familie **Tytonidae** umfasst die **Schleier- und Maskeneulen**, die wiederum nur durch zwei Gattungen vertreten sind:
Gattung ***Tyto*** (Schleiereulen) mit 17 Arten
Gattung ***Phodilius*** (Maskeneule) mit 1 Art

Die Familie **Strigidae** sind die **Eigentlichen Eulen**.
Hier unterscheidet man zurzeit 24 Gattungen.

Gattung ***Aegolius*** (4 Arten Raufußkäuze)
Gattung ***Asio*** (7 Arten Ohreulen)
Gattung ***Athene*** (4 Arten Steinkäuze)
Gattung ***Bubo*** (21 Arten Uhus)
Gattung ***Glaucidium*** (30 Arten Sperlingskäuze)
Gattung ***Gymnoglaux*** (nur 1 Art Kuba-Kreischeule)
Gattung ***Jubula*** (nur 1 Art Mähneneule)
Gattung ***Lophostrix*** (nur 1 Art Haubeneule)
Gattung ***Megascops*** (27 Arten Schreieulen)
Gattung ***Micrathene*** (nur 1 Art Elfenkauz)
Gattung ***Mimizuku*** (nur 1 Art Mondanao-Ohreule)

Gattung ***Nesasio*** (nur 1 Art Salomonenkauz)
Gattung ***Ninox*** (21 Arten Buschkäuze)
Gattung ***Otus*** (41 Arten Zwergohreulen)
Gattung ***Pseudoscops*** (nur 1 Art Jamaika-Ohreule)
Gattung ***Ptilopsis*** (2 Arten Weißgesichtseulen)
Gattung ***Pulsatrix*** (4 Arten Brillenkäuze)
Gattung ***Pyrroglaux*** (nur 1 Art Palau-Zwergohreule)
Gattung ***Sceloglaux*** (nur 1 Art Weißwangenkauz)
Gattung ***Scotopelia*** (3 Arten Fischeulen)
Gattung ***Strix*** (21 Arten Käuze)
Gattung ***Surnia*** (nur 1 Art Sperbereule)
Gattung ***Uroglaux*** (nur 1 Art Rundflügelkauz)
Gattung ***Xenoglaux*** (nur 1 Art Lowery-Zwergkauz)

Von den dazugerechneten Arten sind einige schon ausgestorben.

## ZU DEN EULENPORTRÄTS

Bei jedem Eulenporträt sind am Ende kurz die wichtigsten Daten zur Haltung der Tiere zusammengefasst. Ebenso wird die erforderliche Menge an Futter angegeben. Da bei uns im Eulenhof die Tiere hauptsächlich mit Eintagsküken gefüttert werden, haben wir uns bei den Mengenangaben darauf bezogen. Natürlich können Eulen auch mit anderen Futtertieren ernährt werden. Dann sollten Sie einfach die Menge entsprechend umrechnen. Wenn zum Beispiel statt eines Eintagskükens eine Ratte verfüttert wird, muss die größere Menge berücksichtigt und je nach Eulenart gegebenenfalls am nächsten Tag eine Futterpause eingelegt werden.

Der Brahmakauz gehört zur Gattung der Steinkäuze.

# BARTKAUZ

*(Strix nebulosa)*

Der Bartkauz gehört, neben dem Uhu und der Schnee-eule, mit einer Größe von 61 bis 84 cm und einer Flügelspannweite von bis zu 1,50 m zu den imposantesten Eulenarten. Kaum eine andere Eulenart hat eine größere Flügelspannweite.
Seinen wissenschaftlichen Namen, der so viel wie „Nebel-eule" bedeutet, erhielt der Bartkauz, weil er im Flug wie ein grauer Nebelschwaden fast lautlos dahinschwebt. Mit den sehr großen Schwingen kann er sehr tief ausholen und sich so mit langsamen Flügelschlägen fortbewegen.

Das Gefieder ist vorwiegend hellgrau, nur die Oberseite ist dunkelgrau gefärbt mit schwarz-weißer Musterung, wird aber nach unten hin heller. Es gibt zwei Unterarten, die sich aufgrund der Gefiederfarbe etwas unterscheiden und auf verschiedenen Kontinenten beheimatet sind.
Der Lebensraum der nördlichen, helleren Unterart ***Strix nebulosa lapponica*** erstreckt sich über Skandinavien und Russland bis nach Asien.
Die dunklere Unterart ***Strix nebulosa nebulosa*** ist in Kanada und den USA verbreitet. Die südlichste Ansiede-lung ist in den Bergen Nordkaliforniens zu finden.
Anzutreffen ist der Bartkauz vorwiegend in dichten Fichten- und Kiefernwäldern, gelegentlich auch in Birken-wäldern.

Trotz seines nicht sonderlich hohen Gewichtes – männ-liche Tiere wiegen nur etwa 500 bis 1.000 g, wogegen die Weibchen höchstens 2.000 g auf die Waage bringen – wirkt der Bartkauz sehr massig. Dies ist seinem dichten Federkleid zuzuschreiben. Er ist neben dem **Streifenkauz *(Strix varia)*** die einzige Eulenart mit einem fast runden und prägnanten Gesichtsschleier. Seine im Verhältnis zum wuchtigen Kopf eher kleinen, intensiv gelb gefärbten Augen verleihen ihm einen bemerkenswerten, fast menschlichen Ausdruck.

Der Ruf des Bartkauzes ist nicht sehr laut. Er setzt sich zusammen aus einer Reihe dunkler Töne, oftmals an-schwellend, jedoch niemals unangenehm.

Der Bartkauz ist Tag- und Dämmerungsjäger. Aufgrund seiner Farbe und der rindenartigen Musterung des Gefieders ist er auch tagsüber nur schwer zu entdecken. Da er vor allem Nadelwälder bewohnt, ist er durch diese Zeichnung hervorragend an die Rinde der Bäume ange-

Wie bei allen Eulen unterscheiden sich auch beim Bartkauz die Geschlechter durch die Körpergröße.

passt und verschmilzt fast optisch damit, wenn er absolut regungslos und kerzengerade auf einem Ast ganz nah am Stammt sitzt.

Der Bartkauz jagt im Sturzflug. Sobald er ein Beutetier ausgemacht hat, schießt er exakt auf die Stelle zu und schlägt das Opfer mit den ausgestreckten Füßen. Trotz seiner beeindruckenden Körpergröße erlegt er jedoch keine größeren Tiere. Seine Nahrung besteht hauptsächlich aus Wühl- und Spitzmäusen. Aber auch Eichhörnchen, Frösche, kleinere Vögel, Schlangen und Insekten stehen auf seinem Speiseplan.

Das Neigen des Kopfes ist typisch für den Bartkauz und wird auch schon von Jungvögeln gezeigt.

Sein Gehörsinn ist derart ausgeprägt, dass er seine Beutetiere selbst unter einer 50 cm dicken Schneeschicht noch zentimetergenau orten kann.
Der Bartkauz kann seinen Kopf in beide Richtungen um 180 Grad drehen, was ihm mit den ausgezeichneten Augen eine komplette Rundumsicht ermöglicht.

Für das Brutgeschäft verwendet er verlassene Nester von Taggreifen wie Habicht, Krähe und Bussard. Die Balzzeit beginnt bereits in den Wintermonaten, die Brutzeit etwa Mitte bis Ende April.
Das Gelege besteht in der Regel aus drei bis vier Eiern und wird vier Wochen bebrütet. In dieser Zeit trägt das Männchen dem Weibchen Nahrung zu. Auch das Nest verteidigt das Männchen vehement, sobald Eindringlinge es wagen, in dessen Nähe zu kommen.
Etwa acht Wochen nach dem Schlupf werden die Jungvögel flügge. Allerdings halten sie sich noch mehrere Monate in der Nähe des Nestes auf und werden auch noch weiterhin vom weiblichen Tier versorgt.

Der Bartkauz benötigt eine große Voliere, aber keinen geschützten Innenraum.

## ZUR HALTUNG IN DER VOLIERE (bezogen auf ein Tier)

**Volierengröße:** Etwa 18,00 $m^2$ (6,00 x 3,00 m), Höhe 2,50 m, für jedes weitere Tier 3 $m^2$ mehr.
Die Tiere sind völlig winterhart und benötigen nur einen ausreichenden Wind- und Regenschutz.

**Nistplatz:** Ein erhöht angebrachter Nistkasten oder eine geschützte und überdachte große Kiste mit Nistmaterial ausgelegt.

**Futtermenge:** Pro Tier und Tag drei Eintagsküken.
Während der Brutaufzucht muss die Menge des Futters entsprechend der Anzahl der Jungtiere erhöht werden.

**Sonstiges:** Ruhige relativ zutrauliche Tiere, deren Haltung auch im Wohngebiet problemlos möglich ist.
A-Vogel (CITES-pflichtig) Ringgröße 16,0

# BENGALENUHU

*(Bubo bengalensis)*

Der Bengalenuhu mit einem Gewicht um etwa 1000 g und einer Körpergröße von 50 bis 55 cm ist wesentlich kleiner als die anderen Vertreter der Gattung *Bubo*. Früher wurde er häufig noch als Unterart betrachtet, mittlerweile ist er aber als eigene Art anerkannt, von der keine Unterarten bekannt sind.

Der Bengalenuhu ist in einem weiten Gebiet des indischen Subkontinents verbreitet. Daher wird er auch häufig **Indischer Uhu** genannt. Er ist vor allem in dünn bewaldeten Felsregionen oder in steinigen, wüstenähnlichen Landschaften mit spärlicher Vegetation zu finden.

Der Bengalenuhu fällt durch seine klare Zeichnung auf. Das gelbbraune Rückengefieder besticht durch seine typische schwarze Musterung. Auch die deutlich hellere Bauchseite weist dunkelbraune bis schwarze Zeichnungen auf.

Das hellbraune Gesicht wird umrandet von einer feinen, schwarzen Linie. Das Gefieder um den Schnabel, das Kinn und die Kehle ist weiß. Unmittelbar über den orange-gelben bis orange-roten Augen zieht sich eine schwarze Linie bis hin zu den Ohrenbüscheln. Die relativ langen Beine sind bis hin zu den kräftigen Krallen befiedert.

Obwohl er eigentlich ein Ansitzjäger ist, fliegt der Bengalenuhu auf der Suche nach Beutetieren auch häufig flach über den Boden. Bevorzugte Beutetiere sind Ratten, Mäuse und Vögel. Aber auch große Insekten, Reptilien, Frösche und Krebstiere stehen auf dem Speiseplan.

Trotz seiner imposanten Erscheinung, kann der Bengalenuhu recht zutraulich werden.

Im Winter sollte man für den Bengalenuhu einen geschützten Innenraum einrichten.

Bengalenuhus sind Bodenbrüter. Die Brutzeit beginnt in der Regel Ende November/Anfang Dezember. Das Gelege umfasst bis zu vier Eier, die etwa 35 Tage lang bebrütet werden. Als Nest dient eine flache Grube, geschützt zwischen Felsen, unter Büschen oder auch auf einer Sandbank in Flüssen. Während der Aufzuchtzeit sind beide Altvögel äußerst aggressiv.

Nach etwa zwei bis drei Wochen verlassen die Nestlinge die Nistkuhle. Ab etwa der fünften Woche sind sie in der Lage, sicher zu gehen und zu klettern. Sie werden aber noch mindestens sechs Monate von den Altvögeln versorgt.

Die langen Federohren werden nur bei Erregung aufgestellt.

## ZUR HALTUNG IN DER VOLIERE (bezogen auf ein Tier)

**Volierengröße:** Etwa 12,00 $m^2$ (2,00 x 6,00 m), Höhe 2,50 m, für jedes weitere Tier 3 $m^2$ mehr. Für die kalten Wintermonate ist eine Innenvoliere empfehlenswert. Diese muss nicht unbedingt beheizbar, jedoch möglichst frostfrei sein.

**Nistplatz:** Die Tiere sind Bodenbrüter, daher ist keine besondere Ausstattung erforderlich.

**Futtermenge:** Pro Tier und Tag drei Eintagsküken. Während der Brutaufzucht muss die Menge des Futters entsprechend der Anzahl der Jungtiere erhöht werden.

**Sonstiges:** Sehr ruhige Tiere, die aber während der Brut- und Aufzuchtzeit aggressiv sind. B-Vogel (nicht-CITES-pflichtig), Ringgröße 16,0

# BLASSUHU

*(Bubo lacteus)*

Mit einer Größe von bis zu 60 cm und einem Gewicht von bis zu 3.000 g zählt der Blassuhu neben der **Bindenfischeule** (***Scotopelia peli***, mit einer Größe von 50 bis 60 cm), zu den größten Eulen Afrikas.
Seine Flügelspannweite beträgt 120 cm. Aufgrund seiner hellen Farbe wird er auch als **Milchuhu** bezeichnet. Unterarten dieses außergewöhnlichen Uhus sind nicht bekannt.

In seiner Heimat Afrika besiedelt der Blassuhu lichte Waldgebiete. Er ist so gut wie nie in dichten Wäldern anzutreffen. Gelegentlich lebt er in friedlicher Nachbarbarschaft mit dem **Fleckenuhu** (***Bubo africanus***, siehe Seite 82 ff.) in den karg bewaldeten Savannen.

Der Blassuhu ist ganz unbestritten der „Star" unter den Eulenvögeln, denn unverkennbar und einzigartig sind die rosafarbenen Augenlider. Die eigentliche Bedeutung dieser Färbung der Augenlider ist aber bis heute noch nicht geklärt.

Sein Gefieder ist auf der Oberseite grau bis bräunlich rot, während die Vorderseite ganz fein weiß, hell- und dunkelgrau gebändert ist. Dies verleiht dem Gefieder ein wunderschönes, fast filigranes Aussehen mit einem – je nach Lichteinfall – silbrigen Schimmer.

Der Kopf ist rund mit Federohren. Das mittelgraue Kopfgefieder zieht sich mit einem markanten Dreieck bis hin zum weißgrauen Schnabel. Der Gesichtsschleier wird beidseits begrenzt von einem schmalen, dunkelgrauen Federstreifen. Der weiße Federstreifen, unmittelbar unter dem Schnabel, ist einem Mund täuschend ähnlich. Die sehr großen Augen sind, im Gegensatz zu der Augenfarbe anderer Eulen, nicht gelb bis orange, sondern tiefrot, fast

Der Blassuhu strahlt eine gewisse Ruhe aus und wird schnell zutraulich.

schon violett gefärbt. Die kräftigen Beine sind bis hin zu den Krallen dicht befiedert.
Der Ruf des Blassuhus ist angenehm und dunkel. Ganz entfernt erinnert er an ein weit entferntes dumpfes Trommelgeräusch.

Da sein Bestand im Laufe von zehn Jahren oder drei Generationen kontinuierlich um mehr als 30 Prozent zurückgegangen ist, wurde der Blassuhu im Jahr 2007 in die „Rote Liste der gefährdeten Arten" des IUCN aufgenommen.

Hauptnahrung in der freien Natur sind neben Ratten, Hasen und Schliefern auch Igel, Mäuse, Schlangen, Frösche und Insekten. Obwohl er eigentlich ein Ansitzjäger ist, verfolgt er seine Beute auch schnell und erfolgreich

Ein unverwechselbares Kennzeichen des Blassuhus sind die rosafarbenen Augenlider.

zu Fuß. Ebenso schlägt er Fische in seichten Gewässern. Im Durchschnitt benötigt er täglich etwa 5 Prozent seines eigenen Körpergewichtes an Nahrung.

Als eigentlicher Nachtjäger, dessen Aktivität meist erst in den frühen Abendstunden einsetzt, ruht er tagsüber gern an Stellen mit viel Sichtschutz.

Mit etwa drei bis vier Jahren wird der Blassuhu geschlechtsreif. Wie viele seiner Artgenossen lebt er monogam. Für das Brutgeschäft übernimmt er gern verlassene Horste großer Taggreife. Ganz vereinzelt brütet er auch in hohlen Bäumen. Dies ist jedoch eher eine Seltenheit.
Die Brutzeit erstreckt sich vom März bis hin zum September. Ein Gelege hat ein, in Ausnahmefällen auch zwei Eier und wird etwa 38 Tage bebrütet.

Nach etwa sechs Monaten sind die Jungvögel selbstständig, verbleiben jedoch noch bis zu zwei Jahre bei den Altvögeln.

Der Blassuhu ist auch gelegentlich zu Fuß unterwegs.

## ZUR HALTUNG IN DER VOLIERE (bezogen auf ein Tier)

| | |
|---|---|
| Volierengröße: | Etwa 18,00 m² (3,00 x 6,00 m), Höhe 2,50 m, für jedes weitere Tier 3 m² mehr.<br>Für die kalten Wintermonate ist eine Innenvoliere empfehlenswert. Diese muss nicht unbedingt beheizbar, jedoch möglichst frostfrei sein. |
| Nistplatz: | Eine erhöht angebrachte geschützte und überdachte große Kiste (etwa 0,50 x 0,50 m mit einer Höhe von 0,30 m) mit Nistmaterial ausgelegt. |
| Futtermenge: | Pro Tier und Tag vier bis sechs Eintagsküken.<br>Während der Brutaufzucht muss die Menge des Futters entsprechend der Anzahl der Jungtiere erhöht werden. |
| Sonstiges: | Sehr ruhige und schnell zutraulich werdende Tiere.<br>B-Vogel (nicht-CITES-pflichtig), Ringgröße 24,0 |

# BRAHMAKAUZ

*(Athene brama)*

Der 19 bis 22 cm große Brahmakauz lebt in Indien, im Süden des Irans und in Teilregionen Indochinas. Er ist in diesen Gebieten das Pendant zum **Steinkauz** (***Athene noctua***, siehe Seite 136 ff.), der zur selben Gattung gehört, aber dort nicht angesiedelt ist. Vom Brahmakauz sind zurzeit fünf Unterarten bekannt.
Der bevorzugte Lebensraum des Brahmakauzes sind offene Landschaften mit weiten Flächen und wenig Baumbestand; dies kann sowohl in Halbwüsten als auch in den feuchtwarmen Regionen des Regenwaldes sein.
Das Gefieder des Brahmakauzes ist, im Gegensatz zum bräunlichen Gefieder des Steinkauzes, grau gefärbt, aber ebenso wie beim Steinkauz mit unzähligen weißen Punkten übersät. Oberhalb der großen, gelben Augen wird der Gesichtsschleier durch einen breiten, weißen, wie Augenbrauen anmutenden Federstreifen vom Kopfgefieder abgegrenzt. Auffallend ist auch die Vielzahl der langen „Tastborsten" beidseits des hellgelben Schnabels.
Eine weitere Gemeinsamkeit des Brahmakauzes mit dem Steinkauz stellt das „Erregungsknicksen" dar. Sobald etwas seine Aufmerksamkeit weckt, beginnt er aufgeregt und schnell auf und ab zu wippen und zu knicksen.
Eigentlich zählen Brahmakäuze zu den rein nachtaktiven Tieren. Tagsüber verlassen sie ihre Ruheplätze nur in Ausnahmefällen. Meist leben sie paarweise. Es kann aber durchaus vorkommen, dass mehrere Tiere im besten Einvernehmen zusammenleben.
Der Brahmakauz ortet seine Beute in der Regel vom Ansitz aus und schlägt sie dann im Sturzflug.
Er ernährt sich vorwiegend von Regenwürmern, Insekten, kleinen Nagetieren, Eidechsen und auch Vögeln.

Die Geschlechtsreife erreicht der Brahmakauz im Alter von einem Jahr. Die Brutzeit liegt, je nach Habitat, in den Monaten Dezember bis April. Die Bruthöhlen werden in hohlen Bäumen, in Maueröffnungen oder in Felsspalten angelegt.
In die spärlich mit Nistmaterial ausgepolsterte Mulde legt das Weibchen zwei bis vier Eier. Diese werden 29 bis 31 Tage lang bebrütet, wobei sich die Altvögel das Brutgeschäft teilen.
Nach ungefähr 30 Tagen verlassen die Nestlinge die Bruthöhle. Allerdings werden sie weiterhin, etwa noch drei bis vier Wochen lang, von den Elterntieren versorgt.

## ZUR HALTUNG IN DER VOLIERE (bezogen auf ein Tier)

**Volierengröße:** Etwa 5,00 m² (2,00 x 2,50 m), Höhe 2,00 m, für jedes weitere Tier 1,00 m² mehr.
Bei starkem Frost ist eine Innenvoliere mit einer Fläche von etwa 1,50 x 1,00 m und einer Höhe von 2,00 m sinnvoll. Sie muss nicht beheizt, aber frostfrei sein.

**Nistplatz:** Ein erhöht angebrachter Nistkasten oder ein ausgehöhlter Baumstamm.

**Futtermenge:** Pro Tier und Tag ein Eintagsküken.
Während der Brutaufzucht muss die Menge des Futters entsprechend der Anzahl der Jungtiere erhöht werden.

**Sonstiges:** Nicht unbedingt empfehlenswert für Eulenzucht-Anfänger.
B-Vogel (nicht-CITES-pflichtig), Ringgröße 7,0

# BRILLENKAUZ

*(Pulsatrix perspicillata)*

Der Brillenkauz gehört zweifelsohne zu den Eulenvögeln, die jedes Züchterherz höher schlagen lassen. Seinen Namen verdanken diese 43 bis 50 cm großen und etwa 600 bis 1.000 g schweren Tiere den weißen Federringen rings um die großen Augen mit der orangefarbenen Iris. Die weiße Befiederung um die Augen zieht sich bis hin zum Kinn und fast bis zu den Ohren. Unterbrochen wird sie nur durch einen ovalen, lippenähnlichen dunkelbraunen Fleck, unmittelbar unterhalb des grauen Schnabels.

Das Verbreitungsgebiet des Brillenkauzes erstreckt sich von Mittel- bis Südamerika und von Südmexiko bis Nordargentinien. Als Standvogel lebt er dort in dichten Regenwäldern, in den Mangrovensümpfen und an Waldrändern. In den gebirgigen Regionen erstreckt sich sein Lebensraum bis zu einer Höhe von 1.500 m. Gelegentlich ist er auch in Kaffeeplantagen anzutreffen. Unterarten sind nicht bekannt.

Der Ruf des Brillenkauzes ist abgehackt. Er ähnelt dem Klopfen des Spechtes. Diesem Umstand verdankt er auch den in Brasilien gebräuchlichen Namen „Klopfeule".

Das Rückengefieder, der Oberkopf und die Flügel sind satt dunkelbraun. Dagegen ist die Vorderseite zart ockerfarben mit leichten, fast weißen Einschlüssen. Ein dunkelbraunes Band – es sieht einem Schal ähnlich – unterteilt äußerst auffällig Kopf- und Brustgefieder.
Die Füße sind voll befiedert. Der Kopf ist rund und ohne Federohren. Insgesamt wirkt der Gesichtsausdruck des Brillenkauzes häufig sehr grimmig.

Der Brillenkauz kann durchaus etwas grimmig wirken.

Es kann einige Jahre dauern, bis die Tiere ihre endgültige Färbung erreicht haben.

Männliche und weibliche Tiere sind vom Gefieder her total identisch gezeichnet. Einziges Unterscheidungsmerkmal ist die Größe. Das männliche Tier ist wie bei allen Eulen auch bei dieser Art deutlich kleiner.

Obwohl er in seiner Heimat recht häufig vorkommt, weiß man über den Brillenkauz doch relativ wenig. Als reiner Ansitzjäger ernährt er sich von Mäusen, kleinen Waldtieren, Fledermäusen und Insekten, aber auch von Krabben und Krebsen.

Die Brutzeit des Brillenkauzes fällt – je nach Habitat – in die Monate Januar bis August. Das Gelege umfasst ein bis zwei Eier. Bebrütet wird längstens 39 Tage. Für das Brutgeschäft nutzen die Tiere Baumhöhlen.

Körper und Kopf der Jungvögel sind schneeweiß mit einer tiefbraunen Gesichtsmaske. Die Flügel sind ebenfalls tiefbraun gefärbt. Bis zur vollkommen abgeschlossenen Ausfiederung (dies kann bis zu fünf Jahre dauern) durchlaufen die Tiere verschiedene Farbphasen. Allerdings unterscheiden sich Jungvögel in ihrem äußeren Erscheinungsbild bereits nach einem Jahr nicht mehr von den Altvögeln.

Flugfähig werden die Jungvögel mit etwa 40 Tagen. Sie verlassen das Nest aber bereits, ehe sie fliegen können, werden jedoch weiterhin von den Altvögeln versorgt. Auch wenn sie ausgewachsen sind, bleiben sie noch bis zu einem Jahr bei den Eltern.

## ZUR HALTUNG IN DER VOLIERE (bezogen auf ein Tier)

**Volierengröße:** Etwa 12,00 m² (2,00 x 6,00 m), Höhe 2,50 m, für jedes weitere Tier 3 m² mehr.
Für die kalten Wintermonate ist eine Innenvoliere von etwa 4 m² (2 x 2 m) und einer Höhe von 2 m empfehlenswert. Diese muss nicht beheizt, jedoch frost- und zugfrei sein.

**Nistplatz:** Eine erhöht angebrachte geschützte und überdachte große Kiste (etwa 0,50 x 0,50 m mit einer Höhe von 0,30 m) mit Nistmaterial ausgelegt.

**Futtermenge:** Pro Tier und Tag drei Eintagsküken.
Während der Brutaufzucht muss die Menge des Futters entsprechend der Anzahl der Jungtiere erhöht werden.

**Sonstiges:** Sehr ruhige und schnell zutraulich werdende Tiere.
B-Vogel (nicht-CITES-pflichtig), Ringgröße 20,0

# BÜSCHELEULE

*(Ptilopsis leucotis* und *Ptilopsis granti)*

Die in Afrika beheimatete und dort weit verbreitete Büscheleule zählt wohl zu den traumhaft schönsten Eulen überhaupt. Sie wird auch als **Weißgesichtseule** bezeichnet.
Ihr Verbreitungsgebiet erstreckt sich, südlich der Sahara, vom Osten bis zum Westen des Kontinents und reicht bis Südafrika.

Früher wurde die nur 20 bis 28 cm große Eule der Gattung ***Otus*** zugeordnet, die damals nur zwei Arten, und zwar ***Otus leucotis*** und ***Otus granti*** umfasste.
Seit einiger Zeit werden diese beiden Eulenarten aber der Gattung ***Ptilopsis*** zugeordnet. Somit gibt es jetzt die beiden Arten **Nordbüscheleule *(Ptilopsis leucotis)*** und **Südbüscheleule *(Ptilopsis granti)***. Obwohl es sich offiziell um unterschiedliche Arten handelt, scheint eine Verpaarung der beiden Arten aber nicht auszuschließen zu sein. Somit bleibt abzuwarten, ob es sich vielleicht doch nur um zwei Unterarten handelt.

Faszinierend ist, neben dem wunderschönen und fast filigran wirkenden Gefieder, ihr ausgeprägter weißlicher und seitlich von einem schwarzen Federstreifen eingerahmter Gesichtsschleier mit den dunklen Brauen über den auffällig großen, leuchtend orangefarbenen Augen.

Bei Gefahr ist die Büscheleule in der Lage, den Gesichtsschleier total einzuklappen, sodass der normalerweise runde Kopf sehr schmal und unscheinbar und die Augen wie schmale Schlitze wirken.
Fühlt sie sich gestört, so plustert sie das Gefieder auf und versucht mit lauten Zischlauten den Störenfried zu vertreiben.

Der Gesichtsausdruck der Büscheleule kann sehr unterschiedlich sein.

Büscheleulen brüten auch gern in einer erhöht angebrachten Nistmöglichkeit.

Die Büscheleule ist ausgesprochen standorttreu. Auch ihre Tagesruhezeiten verbringt sie immer am gleichen Platz. Ihren Lebensraum sucht sie sich sowohl in den Savannen als auch in lichten Akazienwäldern, Waldrändern oder in Sumpfgebieten. Sie scheut ebenso nicht die Nähe des Menschen und ist in Parks oder großen Gärten angesiedelt. Vereinzelt ruht sie auch in Stallungen und anderen ländlichen Gebäuden.

Wie alle nachtaktiven Eulen beginnt auch die Büscheleule ihre Aktivitäten bei beginnender Dämmerung. Sie ist ein ausgesprochener Ansitzjäger, dessen Augen und Ohren überaus fein entwickelt sind. Hat sie ein Beutetier geortet, so schlägt sie dieses, nach einem kurzen Gleitflug, mit ihren bemerkenswert kräftigen Krallen. Beutetiere sind unter anderem Heuschrecken, Insekten, Nager und kleinere Vögel. Dabei wird größere Beute vor dem Verschlingen zerrissen.

Büscheleulen leben saisonal monogam. Die Paarungszeit liegt in den Monaten Mai bis Oktober. Gebrütet wird in Baumhöhlen oder in den verlassenen Nestern kleiner Greifvögel, oft auch am Boden. Das Gelege besteht aus einem bis vier Eiern. Bebrütet wird es ab dem ersten Ei etwa 29 Tage lang. Während dieser Zeit bewacht das männliche Tier das Nest und trägt Nahrung herbei. Allerdings wärmt es von Zeit zu Zeit auch die Eier, damit das Weibchen eine Brutpause einlegen kann.

Die jungen Eulen kommen völlig nackt auf die Welt. Mit Nahrung versorgt werden sie von beiden Altvögeln. Schon im Alter von etwa fünf Wochen sind sie flugfähig. Ihre Fortpflanzungsfähigkeit erreichen Büscheleulen bereits mit einem Jahr.

Fühlt sich die Büscheleule gestört, plustert sie ihr Gefieder auf.

## ZUR HALTUNG IN DER VOLIERE (bezogen auf ein Tier)

**Volierengröße:** Etwa 5,00 $m^2$ (2,50 x 2,00 m), Höhe 2,00 m, für jedes weitere Tier 1 $m^2$ mehr.
Außerdem ist ein Innenraum von 1,50 $m^2$ (Breite 1,00 m und Höhe 2,00 m) erforderlich, der nicht beheizt, aber frostfrei sein muss.

**Nistplatz:** Die Tiere sind Bodenbrüter, daher ist keine besondere Ausstattung erforderlich. Ein erhöht angebrachter, ausgehöhlter Baumstamm oder eine Kiste kann als Alternative angeboten werden.

**Futtermenge:** Pro Tier und Tag ein bis zwei Eintagsküken.
Während der Brutaufzucht muss die Menge des Futters entsprechend der Anzahl der Jungtiere erhöht werden.

**Sonstiges:** Die Tiere können in der Voliere auch gut als Schwarmvögel gehalten werden.
B-Vogel (nicht-CITES-pflichtig), Ringgröße 10,0

# CHACOKAUZ

*(Strix chacoensis)*

Der 35 bis 40 cm große Kauz wurde lange Zeit als Unterart des von Argentinien bis Feuerland beheimateten **Rostfußkauzes *(Strix rufipes)*** angesehen. Neuesten Erkenntnissen zufolge ist diese These jedoch nicht mehr haltbar. Vielmehr wird nunmehr der Chacokauz als eigenständige Art *(Strix chacoensis)* anerkannt. Unterarten sind nicht bekannt.
Seine Heimat ist der Gran Chaco, eine Region im Inneren Südamerikas. Die Vegetation bilden Trockenwälder, Dornbuschsavannen und Wolfsmilchgewächse. Im Osten herrscht feuchtes Klima vor, dagegen wird der erheblich trockenere Westen häufig von Dürreperioden heimgesucht.
Der Chacokauz ist ein traumhaft schönes Tier. Die Oberseite des dunkelbraunen Gefieders ist von unzähligen hellbraunen und weißen Sprenkeln durchzogen. Die Unterseite mit sehr hellem Grundgefieder ist dunkel quergebändert. Die Füße sind bis zu den Zehen gelbbraun befiedert. Die Zehen, der Schnabel und die Befiederung um den Schnabel sind gelb. Am eindrucksvollsten sind die riesigen, dunklen Augen mit den weißen Brauen. Der Gesichtsschleier ist dagegen eher unauffällig mit einer hellgrauen Befiederung die, unterbrochen von einem weißen Kehlstreifen, in das Bauchgefieder ubergeht.

Der Chacokauz beginnt seine Jagd in der Abenddämmerung. Tagsüber ruht er lieber in Bäumen oder Hecken. Dabei genießt er es durchaus, ein Sonnenbad zu nehmen. Hauptnahrung sind kleine Säuger, Insekten und kleinere Vögel.
Geschlechtsreif werden Chacokäuze in der Regel mit zwei Jahren. Vereinzelt haben diese Tiere jedoch auch schon nach einem Jahr Jungvögel gezogen. Etwa ab Januar versucht das Männchen mit ausdauerndem Rufen, ein Weibchen zur Bruthöhle zu locken. Hat sich ein Paar gefunden, so beginnt das Männchen, die Bruthöhle zu reinigen und das Weibchen zur „Inspektion" der Bruthöhle zu animieren.

Die Eiablage erfolgt ungefähr Februar/März. Meist besteht das Gelege aus ein bis drei Eiern und wird etwa 30 Tage bebrütet. Während der Brut- und Aufzuchtzeit reagieren die Alttiere vermeintlichen Feinden gegenüber sehr aggressiv. Die Bruthöhle verlassen die kleinen Chacokäuze erstmals nach 30 Tagen. Zu diesem Zeitpunkt haben sie bereits das vollständige Nestlingsgefieder. Nun beginnen sie, von den aufmerksamen Altvögeln bewacht und umsorgt, mit viel Elan ihr Umfeld zu erkunden. Im Alter von fünf bis sechs Monaten sind sie flügge.

## ZUR HALTUNG IN DER VOLIERE (bezogen auf ein Tier)

**Volierengröße:** Etwa 15,00 $m^2$ (7,50 x 2,00 m), Höhe 2,50 m, für jedes weitere Tier 3 $m^2$ mehr.
Außerdem ist ein Innenraum von etwa 2 $m^2$ (2,00 x 1,00 m) mit einer Höhe von 2,00 m erforderlich, der nicht beheizt, aber frostfrei sein muss.

**Nistplatz:** Ein erhöht angebrachter, ausgehöhlter Baumstamm mit Nistmulde. Weiteres Nistmaterial ist nicht nötig.

**Futtermenge:** Pro Tier und Tag zwei Eintagsküken.
Während der Brutaufzucht muss die Menge des Futters entsprechend der Anzahl der Jungtiere erhöht werden.

**Sonstiges:** B-Vogel (nicht-CITES-pflichtig), Ringgröße 10,0

# CHOLIBAEULE

*(Megascops choliba)*

Wohl eine der interessantesten Vertreter der Gattung *Megascops*, die viele Eulenliebhaber fasziniert und nicht wenige davon sogar ins Schwärmen bringt, ist die bis zu 25 cm große Cholibaeule. Sie gehört zur Gattung der Schreieulen und wird auch als **Choliba-Kreischeule** bezeichnet.
Bei der Cholibaeule haben sich verschiedene Unterarten entwickelt, wobei die Angabe zu deren Anzahl zwischen sieben und neun schwankt. Früher wurde diese Eule der Gattung ***Otus*** zugeordnet und ist daher häufig auch noch unter dem Namen ***Otus choliba*** zu finden.

Beheimatet ist die Cholibaeule in Südamerika. Sie gilt als weitestgehend standorttreu. Ihr bevorzugter Lebensraum liegt in lichten Wäldern, an Waldrändern und in Savannen mit spärlichem Bewuchs.
Die Cholibaeule ist nachtaktiv. Die Tage verbringt sie im Schutz von Laubbäumen oder Büschen. Das Gebirge und Lagen über 1200 bis 1400 m meidet sie.

Das Gefieder der Cholibaeule kann recht unterschiedlich gefärbt sein. Je nach Unterart reicht die Farbe von Hellbraun über Dunkelbraun bis hin zur graubraunen Schattierung. Das Federkleid aller Unterarten zeigt jedoch, insbesondere im Bereich der Vorderseite, eine intensive, fast gleichmäßige Marmorierung. Vereinzelt befinden sich hier jedoch Einschlüsse von zarten wie Flaum anmutenden, kontrastfarbigen Federchen

Die markante, von den auffälligen Federohren V-förmig bis hin zum Schnabel verlaufende Stirnbefiederung verleiht der Cholibaeule einen fast mystischen Gesichtsausdruck. Dies wird verstärkt durch die leicht schräg gestellten gelben Augen und deren schwarzer und relativ großer

Hier erkennt man gut, wie stark eine Cholibaeule ihr Aussehen verändern kann.

Am Gesichtsausdruck erkennt man, dass diese Choliba-eule relativ ruhig und gelassen ist.

Pupille. Sehr gut zu erkennen sind auch die sich an der Wurzel des schmalen, hellgelben Schnabels befindlichen Vibrissen (die Tasthaare). Der bei allen Eulenarten typische Gesichtsschleier wird umrahmt von einer feinen, dunklen Linie und hebt sich damit deutlich vom übrigen Gefieder ab.

Die Federohren werden nicht immer aufgestellt, sondern es hängt von der Stimmung ab, ob sie zu sehen sind.

Neben der insbesondere für Eulen äußerst wichtigen Funktion des Gesichtsschleiers, Schallwellen zu verstärken und zu den Ohren, die sich als einfache Öffnungen seitlich am Kopf der Tiere befinden, weiterzuleiten, dient der Gesichtsschleier auch dazu, die jeweilige Stimmung der Tiere zu vermitteln.

Ihr Speiseplan besteht in der Hauptsache aus Käfern, Spinnen und Faltern. Auch kleinere Wirbeltiere werden gelegentlich nicht verschmäht.

Cholibaeulen sind nicht unbedingt monogam. In der Regel besteht die Partnerschaft nur für eine Brutperiode. Gebrütet wird in Baumhöhlen oder in verlassenen Greifvogelnesten. Je nach Futterangebot besteht das Gelege aus zwei bis fünf Eiern. Bebrütet wird es ausschließlich vom Weibchen. Während der Brutzeit trägt das Männchen dem Weibchen Futter zu.

Sobald die Jungen geschlüpft sind, übernehmen die Altvögel gemeinsam die Fütterung. Die Brutdauer beträgt 28 Tage. Die Jungvögel verlassen im Alter von etwa fünf Wochen das Nest, werden jedoch weiterhin von den Altvögeln mit Futter versorgt.

Während der Brut- und Aufzuchtzeit sind Cholibaeulen sehr aggressiv. Sie scheuen nicht davor zurück, auch wesentlich größere Tiere anzugreifen, sobald sie das Nest und den Nachwuchs bedroht sehen.

Daneben besitzen Cholibaeulen die Fähigkeit, ihr Aussehen bei Bedrohung vollkommen zu verändern. Dabei werden die Federohren steil aufgerichtet, die Augen geschlossen und verengt, ebenso der Gesichtsschleier. Der gesamte Körper verharrt in schmaler und regloser Haltung, bis die vermeintliche Gefahr vorüber ist.

Der Gesichtsschleier trägt bei der Cholibaeule dazu bei, die jeweilige Stimmung zu vermitteln.

## ZUR HALTUNG IN DER VOLIERE (bezogen auf ein Tier)

**Volierengröße:** Etwa 2,00 $m^2$ (1,00 x 2,00 m), Höhe 2,50 m, für jedes weitere Tier 1 $m^2$ mehr.
Für die kalten Wintermonate ist eine Innenvoliere notwendig. Diese muss nicht beheizt, jedoch möglichst frostfrei sein.

**Nistplatz:** Nistkasten.

**Futtermenge:** Pro Tier und Tag ein Eintagsküken.
Während der Brutaufzucht muss die Menge des Futters entsprechend der Anzahl der Jungtiere erhöht werden.

**Sonstiges:** Ruhige Tiere, daher ist eine Haltung auch im Wohngebiet möglich.
B-Vogel (nicht-CITES-pflichtig), Ringgröße 7,0

# EUROPÄISCHER UHU

*(Bubo bubo)*

Der Europäische Uhu gehört zu den größten und wohl auch bekanntesten Eulenarten der Welt. Im Jahr 2005 wurde er sogar zum Vogel des Jahres gewählt.
Der Uhu kommt nur in Europa, Asien und Nordafrika vor. Allerdings ist er im nördlichen Frankreich, in England und in Island nicht anzutreffen. Diese Eulenart bewohnt ganz unterschiedliche Lebensräume von kargen, felsigen Landschaften bis zu Wäldern in den gemäßigten Zonen.

Sowohl die uns geläufige deutsche Bezeichnung „Uhu" als auch der wissenschaftliche Name „Bubo" sind auf seinen charakteristischen Ruf zurückzuführen beziehungsweise wurden von diesem abgeleitet. Die sehr weit hörbaren Rufe werden in den Abendstunden von ledigen Männchen ausgestoßen, um die Aufmerksamkeit der Weibchen zu erregen.

Nach neuesten Erkenntnissen gibt es 15 verschiedene Unterarten, wobei man dazu sagen muss, dass diese Untersuchungen noch nicht ganz abgeschlossen sind und es durchaus sein kann, dass in den nächsten Jahren noch weitere Unterarten hinzukommen. Dass sich so viele verschiedene Unterarten entwickeln konnten, liegt wohl daran, dass sich diese Eulenart an ganz unterschiedliche Lebensräume angepasst und sich so weit verbreitet hat.

Der Größen- und Gewichtsunterschied der einzelnen Unterarten ist auffallend. So sind gegenüber ihren nordöstlichen Artgenossen die südwestlichen Arten erheblich kleiner und leichter. Bei der in unseren Breiten heimischen Art ist das Männchen im Durchschnitt etwa 60 cm groß und wiegt bis zu 2.500 g. Das Weibchen misst dagegen 70 bis 72 cm und ist bis zu 3.000 g schwer.

Dieser Größenunterschied führt auch zu einem erheblichen Unterschied bei der Flügelspannweite. Liegt diese beim männlichen Tier bei etwa 158 cm, erreicht das weibliche Tier eine Spannweite von bis zu 169 cm.

Der Kopf des Uhus ist auffällig groß und rund, mit langen Federohren. Der für Eulen so charakteristische Gesichtsschleier ist bei ihm weniger markant hervorgehoben.

Die Grundfärbung des Gefieders kann von Unterart zu Unterart völlig verschieden sein. Beim Europäischen Uhu ist der Bauch größtenteils hellbraun gefärbt, ebenso die Unterseite der Flügel. Dagegen überwiegen am Rücken die dunkleren Federn. Die dunklen Federeinschlüsse an Bauch, Rücken und Oberseite der Flügel sind längs, die am Schwanzgefieder quer angeordnet.
Die Füße sind groß, kräftig und bis hin zu den messerscharfen Krallen befiedert.

Das Jagdrevier des Uhus deckt eine Fläche von durchschnittlich etwa 45 Quadratkilometern ab. Allerdings beansprucht er dieses Gebiet nicht für sich allein. Lediglich der nahe Bereich rings um seinen Brutplatz ist absolut tabu für Fremdwesen und wird vehement verteidigt.

Bevorzugte Brutplätze für den Uhu sind Felsnischen oder Felsvorsprünge. Gern lässt er sich auch in Steinbrüchen nieder, wobei diese sogar noch in Betrieb sein können. Allerdings wählt er dann seinen Brutplatz so, dass er beim Brutgeschäft nicht gestört werden kann.
Sofern er in Regionen, wo weder Felslandschaften, Steinbrüche oder Ähnliches vorhanden sind, siedelt, brütet er auf dem Boden.

Während der Brutzeit sind Uhus sehr wachsam und verteidigen ihr Revier.

Überhaupt ist die Anpassungsfähigkeit des Uhus an seinen jeweiligen Lebensraum bewundernswert. Er lebt sowohl in Gebirgen als auch in Wäldern und am Meer. Das ideale Habitat hat von allem etwas, also sowohl Felsen, Hecken und lichte Wälder als auch Freiflächen und Gewässer. Hat er neue Nahrungsquellen entdeckt, kann er seine Vorlieben und seine Jagdtechnik schnell darauf umstellen.

In der Regel sind Uhus reine „Nachtjäger". Allerdings kommt es vor, dass sie in Zeiten, in denen die Nahrung knapp ist, auch tagsüber jagen. Beutetiere sind Igel, Ratten, Mäuse, Tauben, Enten und Krähen. Aber auch Kaninchen, Feldhasen und sogar Waldkäuze und Waldohreulen werden gejagt.
Und da ein Uhu aufgrund seiner Größe auch in der Lage ist, Beutetiere bis zu einem Gewicht von etwa 2 kg zu ergreifen und im Flug wegzubringen, gehören zu diesen oft auch junge Frischlinge, junge Füchse, Rehkitze oder Murmeltiere.

Der Uhu ist nicht nur im Flug ein geschickter Jäger. Er sucht den Boden auch nach Schnecken, Würmern und ähnlichem Getier ab. Ebenso stehen Krebse und Fische auf dem Speiseplan. Trotz seines eher gedrungenen Körperbaus ist er sehr schnell. So ist er in der Lage, auf dem Boden laufend eine flüchtende Maus einzuholen und zu schlagen.

In der Zeit von Januar bis März beginnt die Brutzeit. Bereits lange vor diesem Zeitraum versucht das Männchen, mit ausdauernden und intensiven Rufen ein Weibchen zum Brutplatz zu locken. Zeigt das Weibchen Gefallen am Brutplatz, so beginnt das Männchen, es mit Nahrung zu versorgen, und die Paarung kann erfolgen. Hat sich ein Paar

Dieser junge Uhu unternimmt schon die ersten Kletterversuche.

gefunden, bleibt es ein Leben lang zusammen. Allerdings verbringt es die meiste Zeit außerhalb der Brutzeit getrennt. Männchen und Weibchen halten sich zwar ständig in demselben Gebiet auf und verteidigen es auch vehement, sie jagen oder schlafen aber in der Regel getrennt.

Das Gelege umfasst meist vier Eier, wobei der Legeabstand von Ei zu Ei zwei Tage beträgt. Bebrütet wird ab dem ersten Ei. Das Brüten übernimmt allein das Weibchen. Es wird aber während der ganzen Zeit von dem Männchen versorgt. Die Bebrütungszeit beträgt 34 Tage. Der Schlupf kann bis zu 24 Stunden dauern. Die Küken kommen bereits mit hellbraunen, fast weißlichen Dunenfedern aus dem Ei. Das Schlupfgewicht liegt bei etwa 60 g. Nach etwa einer Woche können die Küken bereits auf den Fersen sitzen und nach einer weiteren Woche sind sie in der Lage zu stehen.

Wie lange die Nestlinge in der Brutmulde bleiben, hängt stark von der Position des Brutplatzes ab. Während sie die am Boden liegende Brutmulde bereits nach etwa drei bis vier Wochen verlassen, bleiben die in Felsnischen und anderen geschützten Brutplätzen geborenen Tiere oft bis zu zweieinhalb Monate im Nest.
Sicher gehen und klettern können Jungtiere mit ungefähr fünf Wochen. Von den Alttieren versorgt werden sie bis zu einem Alter von sechs Monaten.

Während gesunde und ausgewachsene Uhus kaum natürlich Feinde haben, sind Jungtiere sehr stark gefährdet. So werden Gelege und Küken zum Beispiel häufig von Mardern und Füchsen gefressen, wenn diese an den Brutplatz gelangen können. Eier und Jungtiere in Bodenmulden sind zusätzlich bedroht durch Wildschweine.

Man geht von einer Sterblichkeitsrate von bis zu 70 Prozent bei jungen Uhus aus.

Galt der Uhu bis hinein ins 20. Jahrhundert als Jagdkonkurrent, steht er heute unter strenger Aufsicht des Naturschutzes.

In früheren Zeiten wurde er verfolgt und bekämpft. Seine Horste wurden geplündert, um Jungtiere für die einstmals äußerst beliebte „Hüttenjagd" zu erhalten. Dies hatte zur Folge, dass der Uhu in weiten Teilen Mittel- und Westeuropas fast gänzlich ausgerottet war.

Dank vieler Schutzmaßnahmen ist die Anzahl der bei uns lebenden Uhus wieder ansteigend. Nach wie vor ist der Uhu jedoch stark gefährdet, da sein natürlicher Lebensraum durch die Ausweitung der Straßennetze, den Schienenverkehr, die Zersiedlung der Landschaften, durch Stromleitungen und Windkraftanlagen immer mehr eingeschränkt wird.

Dieses Uhu-Weibchen hat genau im Blick, ob für ihre Jungen Gefahr droht.

## ZUR HALTUNG IN DER VOLIERE (bezogen auf ein Tier)

**Volierengröße:** Etwa 18,00 $m^2$ (3,00 x 6,00 m), Höhe 2,50 m, für jedes weitere Tier 3 $m^2$ mehr.
Die Tiere sind völlig winterhart und benötigen nur einen ausreichenden Wind- und Regenschutz.

**Nistplatz:** Als Bodenbrüter benötigt der Uhu kein besonderes Nistmaterial.

**Futtermenge:** Pro Tier und Tag fünf Eintagsküken.
Während der Brutaufzucht muss die Menge des Futters entsprechend der Anzahl der Jungtiere erhöht werden.

**Sonstiges:** Relativ zutrauliche Tiere.
In der Balzzeit kräftiger Ruf.
A-Vogel (CITES-pflichtig), Ringgröße 22,0

# FLECKENUHU

*(Bubo africanus)*

Acht der derzeit weltweit bekannten Uhu-Arten leben in Afrika. Zu ihnen gehört auch der Fleckenuhu.
Im Gegensatz zum **Eurasischen** und dem **Virginia-Uhu** (***Bubo virginianus***, siehe Seite 142 ff.) die mit dem **Kap-Uhu** (***Bubo capensis***, siehe Seite 98 f.) nahe verwandt sind, ist der Fleckenuhu, obwohl er ihm äußerlich sehr ähnelt, nicht so eng mit Letzterem verwandt.

Durch seine geringere Körpergröße von 40 bis 50 cm, seiner Flügelspannweite von bis zu 140 cm und seinem Gewicht von etwa 500 bis 800 g unterscheidet er sich stark von den anderen Uhu-Arten. Gemeinsam mit ihnen hat er allerdings seine auffälligen, langen Federohren, die er steil aufrichten kann.
Genau wie bei anderen Uhu-Arten ist auch beim Fleckenuhu das männliche Tier sichtbar kleiner und leichter. Dagegen gibt es beim Gefieder keinerlei geschlechtsspezifische Unterscheidungsmerkmale. Auch unterscheidet sich das Gefieder der Jungvögel kaum von dem der erwachsenen Tiere.

Früher wurden drei Unterarten dieser Spezies zugeordnet. Eine davon war der nördlich des Äquators lebende **Wellenuhu**, der aber mittlerweile als eigene Art, und zwar ***Bubo cinerascens*** anerkannt ist. Die südlich des Äquators beheimatete Unterart wurde bisher als ***Bubo africanus africanus*** bezeichnet, ist aber aus den heutigen systematischen Listen teilweise verschwunden. Dafür kam die Unterart ***Bubo africanus tanae*** hinzu, die nur ein recht kleines Verbreitungsgebiet hat. Daneben gibt es noch den im Jemen und Saudi-Arabien vorkommenden, aber relativ seltenen ***Bubo africanus milesi***. Dies ist ein Beispiel dafür, wie sehr sich die systematische Zuordnung verschiedener Eulenarten ändern und Verwirrung stiften kann.

Die Unterart *Bubo africanus milesi* ist relativ selten.

Die einzelnen Unterarten des Fleckenuhus sind gut zu unterscheiden. Die nördliche und nicht so häufig vorkommende Unterart *(B. a. cinerascens)* hat ein graues Gefieder und ist weniger gefleckt. Außerdem sind die Augen braun bis fast schwarz gefärbt.

Die südliche, häufiger vorkommende Unterart *(B. a. africanus)* hat graues oder gelb- bis rotbraunes Gefieder sowie gelbe oder orangefarbene Augen. Auch die Augen der arabischen Unterart *(B. a. milesi)* sind gelb oder orangefarben.

Dieser junge Fleckenuhu unternimmt schon die ersten Erkundungen seiner Umgebung.

In seiner Heimat lebt der Fleckenuhu in Gebieten mit lichtem Waldbestand. Er ist allerdings niemals anzufinden in dichten Wäldern ohne Lichtungen oder in reinen Wüstenregionen. Das Hauptverbreitungsgebiet umfasst Kenia, Uganda und Südafrika.

Mit etwa zwei Jahren wird der Fleckenuhu geschlechtsreif. Die Brutzeit – zwischen August und Oktober beziehungsweise zwischen Dezember und März – wird von den jeweiligen Trockenperioden der Habitate bestimmt. Hat sich ein Paar gefunden, bleibt es für immer in monogamer Partnerschaft zusammen.

Als Bodenbrüter horstet der Fleckenuhu gern an Berghängen und zwischen Felsen. Er nutzt aber auch Baumhöhlen oder verlassene Nester anderer Vögel.

Das Gelege besteht aus zwei bis drei, in Ausnahmefällen auch vier Eiern, die im Abstand von einem Tag gelegt und etwa 35 Tage lang bebrütet werden. Während der Brut- und in der anfänglichen Aufzuchtzeit wird das Weibchen vom Männchen mit Nahrung versorgt.
Etwa drei Wochen nach Schlupf der Nestlinge beteiligt sich auch das Weibchen wieder an der Nahrungsbeschaffung. Beide Tiere sind in der Balz- und Brutzeit sehr aggressiv und verteidigen ihr Territorium vehement gegen Eindringlinge.

Das Dunengefieder der Küken ist dunkelgrau und weist bereits eine auffällige Querbänderung auf. Die Augen öffnen sie nach etwa einer Woche. Deren Farbe ist zu diesem Zeitpunkt noch grau. Nach etwa zwei Wochen verändert sich dann die Augenfarbe hin zum Braun, Gelb oder Gelborange.

Nach ungefähr fünf Wochen verlassen die Nestlinge zum ersten Mal das Nest. Allerdings sind sie zu diesem Zeitpunkt noch nicht flugfähig. Sie bleiben in der Nähe des Nestes und werden auch weiterhin von den Altvögeln versorgt. Mit etwa drei bis vier Monaten erreichen die Jungvögel dann in der Regel ihre Unabhängigkeit.

In der Voliere können die Jungvögel noch lange bei den Eltern bleiben, auch wenn man sie schon kaum mehr unterscheiden kann.

## ZUR HALTUNG IN DER VOLIERE (bezogen auf ein Tier)

**Volierengröße:** Etwa 7,50 m² (2,50 x 3,00 m), Höhe 2,50 m, für jedes weitere Tier 3 m² mehr.
Für die kalten Wintermonate ist eine Innenvoliere mit den Mindestmaßen 2,00 x 1,00 m und einer Höhe von 2,00 m notwendig. Die Innenvoliere muss aber nicht beheizt, sollte jedoch möglichst frostfrei sein.

**Nistplatz:** Eine Kiste am Boden, die geschützt und überdacht sein sollte.

**Futtermenge:** Pro Tier und Tag zwei Eintagsküken.
Während der Brutaufzucht muss die Menge des Futters entsprechend der Anzahl der Jungtiere erhöht werden.

**Sonstiges:** Sehr ruhige und schnell zutraulich werdende Tiere, die man in einer entsprechend großen Voliere auch als Schwarmvögel halten kann.
B-Vogel (nicht-CITES-pflichtig), Ringgröße 16,0

# HABICHTSKAUZ

*(Strix uralensis)*

Der Habichtskauz gehört zu den mittelgroßen einheimischen Eulenarten. Er erreicht eine Größe von 54 bis 61 cm und ein Gewicht von 540 bis 1.200 g. Die Spannweite kann 110 bis 130 cm betragen.

Das Verbreitungsgebiet des Habichtskauzes erstreckt sich von Europa über Schweden, Finnland, Russland, Sibirien bis hin nach China, Korea und Japan. Momentan sind neun Unterarten bekannt.

Während der Habichtskauz in den nördlichen Regionen Nadelwälder bevorzugt und dort in Höhlen und Baumstämmen brütet, ist er in den südlicheren Verbreitungsgebieten eher in Mischwäldern anzutreffen. Dort übernimmt er zum Brüten gern die verlassenen Horste größerer Greifvögel.

Seit den 1960er-Jahren hängt man für diese Tiere wieder Brutkästen auf, welche mit steigender Tendenz auch angenommen werden. Wichtig für die Wahl des Standorts sind ausreichend vorhandene angrenzende Freiflächen zur Jagd.

Die Nahrung des Habichtskauzes besteht in der Hauptsache aus Kleinvögeln, Mäusen und anderen Kleinsäugern, aber auch aus Eidechsen, Fischen, Fröschen und Insekten. Vereinzelt schlägt er sogar größere Tiere wie Hasen, Wiesel und Hühnervögel.

Je nach Verbreitungsgebiet unterscheidet man beim Habichtskauz zwischen sieben und neun Unterarten. Unter anderem sind sie sehr stark an den verschiedenen Zeichnungen ihres Gefieders zu erkennen.

Typisch für den Habichtskauz ist der relativ rundliche Kopf. Bei diesem Jungvogel ist das Gefieder noch nicht voll ausgebildet.

Die Schattierungen reichen von Hellgrau-Weiß bis Hellbraun-Weiß, durchzogen von langen dunkelgrauen oder dunkelbraunen Federstreifen, bis hin zum fast schwärzlichen Gefieder.

Der Habichtskauz bleibt seinem Partner ein Leben lang treu.

Der Kopf ist rund und besitzt keine Federohren. Der apfelförmige Gesichtsschleier ist einfarbig hellgrau bis hellbraun gefärbt. Die Augen sind, wie beim Bartkauz, relativ klein und enger zusammenstehend als bei anderen Eulenarten. Der schmale Schnabel hat eine sattgelbe Farbe. Der Schwanz ist lang und weist eine quer gestreifte Zeichnung auf. Die Beine sind bis hin zu den Zehen voll befiedert.

Der Habichtskauz lebt monogam und ist außerdem auch seinem Standort sehr treu. Bis zur Geschlechtsreife braucht er ungefähr zwei bis drei Jahre.

Die Balz beginnt etwa Mitte Dezember, die Brutzeit ungefähr Mitte Februar und dauert bis etwa Mitte April. Ein Gelege umfasst meist drei bis vier Eier. Diese werden 28 Tage lang bebrütet. Flügge werden die Jungvögel mit fünf bis sieben Wochen.

Während der Brut- und Aufzuchtzeit sind die Altvögel sehr aggressiv. Dieser Aggressivität haben sie auch ihren schwedischen Beinamen „Slaguggla", was so viel wie „Schlageule" heißt, zu verdanken.

## ZUR HALTUNG IN DER VOLIERE (bezogen auf ein Tier)

**Volierengröße:** Etwa 18,00 m² (3,00 x 6,00 m), Höhe 2,50 m, für jedes weitere Tier 3 m² mehr.
Die Tiere sind völlig winterhart und benötigen nur einen ausreichenden Wind- und Regenschutz.

**Nistplatz:** Erhöht angebrachter großer Nistkasten mit Mulde.
Bitte darauf achten, dass die Einflugöffnung nicht zu hoch über der Nistmulde liegt, da sonst beim Einstieg des Altvogels die bereits vorhandenen Eier beschädigt oder zertreten werden könnten.

**Futtermenge:** Pro Tier und Tag drei bis vier Eintagsküken.
Während der Brutaufzucht muss die Menge des Futters entsprechend der Anzahl der Jungtiere erhöht werden.

**Sonstiges:** Ruhige Tiere, jedoch in der Balz-, Brut- und Aufzuchtphase sehr aggressiv.
A-Vogel (CITES-pflichtig), Ringgröße 14,0

# HINDU-HALSBANDEULE

*(Otus bakkamoena)*

Auffallend und faszinierend sind bei der Halsbandeule die dunklen, im Verhältnis zum nicht sehr markant ausgeprägten Gesichtsschleier fast überdimensionierten Augen. Trotz der geringen Größe von 19 bis 23 cm zählt diese weit verbreitete orientalische Zwergohreulenart wohl zu den eindrucksvollsten Kleineulen überhaupt. Die Hindu-Halsbandeule wiegt ungefähr zwischen 125 und 152 g. Sie wird auch als **Halsring-Zwergohreule** bezeichnet.

Die zurzeit fünf bekannten Unterarten der Halsbandeule unterscheiden sich nicht sehr. Lediglich die Brauntöne der Gefiederfarbe variieren. Auch kreuzen sich die in einem Habitat lebenden Unterarten untereinander.

Ihr Verbreitungsgebiet erstreckt sich von Java bis hin zu den ostsibirischen Tälern. Je nach Habitat lebt sie in tropischen Waldgebieten, in Mangrovensümpfen, in Savannen

Dank ihres Gesichtsausdrucks mit den verhältnismäßig großen Augen und der Zutraulichkeit erfreut sich die relativ kleine Halsbandeule sehr großer Beliebtheit.

oder in lichten Wäldern. Nachdem – verursacht durch massive Abholzung der Wälder – ihr eigentlicher Lebensraum immer mehr zerstört wird, siedelt sie sich mitunter auch sehr stadtnah in Parkanlagen und vereinzelt auch in Gärten an.

Ihr Gefieder ist oberseits graubraun gesprenkelt, unterseits eher sandfarben. Die Befiederung von Füßen und Zehen ist den Klimaverhältnissen der einzelnen Lebensräume angepasst. So sind bei den in den nördlichen Regionen lebenden Tieren neben den Beinen auch die Zehen dicht befiedert.

Halsbandeulen sollten immer Zugang zu einer geschützten Innenvoliere haben.

Die Nahrung besteht vorwiegend aus Grillen, Heuschrecken und anderem Kleingetier, aber auch aus Kleinvögeln, Mäusen und Eidechsen.

Geschlechtsreif werden Halsbandeulen mit einem Jahr. Zum Brüten nutzen sie hohle Bäume. Die Brutzeit liegt im Frühjahr. Das Gelege besteht aus drei bis fünf Eiern und wird vom weiblichen Tier etwa 23 bis 24 Tage bebrütet.

Im Alter von etwa drei Wochen verlassen die jungen Eulen das Nest. Sie werden jedoch in den folgenden fünf bis sechs Wochen weiterhin von den Altvögeln mit Futter versorgt.

Die Halsbandeule ist ein typischer Höhlenbrüter.

## ZUR HALTUNG IN DER VOLIERE (bezogen auf ein Tier)

| | |
|---|---|
| **Volierengröße:** | Etwa 5,00 m² (2,00 x 2,50 m), Höhe 2,00 m, für jedes weitere Tier 1,00 m² mehr.<br>Bei starkem Frost ist ein geschützter Innenraum empfehlenswert. |
| **Nistplatz:** | Ein erhöht angebrachter Nistkasten oder ausgehöhlter Baumstamm. |
| **Futtermenge:** | Pro Tier und Tag ein Eintagsküken.<br>Während der Brutaufzucht muss die Menge des Futters entsprechend der Anzahl der Jungtiere erhöht werden. |
| **Sonstiges:** | Ruhige relativ zutrauliche Tiere, deren Haltung auch im Wohngebiet problemlos möglich ist.<br>B-Vogel (nicht-CITES-pflichtig), Ringgröße 6,5 |

# KANINCHENKAUZ

*(Athene cunicularia)*

Im Allgemeinen wird der Kaninchenkauz – auch **Kanincheneule** genannt – der Gattung ***Athene*** zugeordnet, sodass er in vielen Publikationen als ***Athene cunicularia*** bezeichnet wird.

Zurückgeführt wird dies unter anderem auf den dem Steinkauz ähnlichen kompakten Körperbau, die mit 19 bis 25 cm annähernd gleiche Größe und auch auf die ähnliche Verhaltensweise, nämlich dem eigenartigen „Knicksen", das auch beim Steinkauz zu beobachten ist.

Es gibt aber auch andere Meinungen, wonach diese Verwandtschaftstheorie nicht mehr haltbar sei. Daher hat man dem Kaninchenkauz in anderen Quellen auch eine eigene Gattung zugeordnet, sodass er auch als ***Speotyto cunicularia*** bezeichnet wird.

Die Gefiederfarbe variiert, je nach Habitat, von einem dunklen Braun – unterbrochen von weißen Flecken und Bändern – bis zum hellen Braun, das von fast ockerfarbenen Flecken und Bändern durchzogen ist.

Typisch sind die sehr langen, mit kurzen, fast haarähnlichen feinen Federn bedeckten Beine. Daher kann der Kaninchenkauz mühelos schnell laufen und graben.

Das Verbreitungsgebiet erstreckt sich von Nord- über Südamerika bis zum Kap Horn. Vereinzelt ist der Kaninchenkauz auch in Florida und in der Karibik anzutreffen. Zurzeit sind 21 Unterarten bekannt.

Der Kaninchenkauz ist ein absoluter Bodenbewohner. Sein bevorzugter Lebensraum sind Steppen und wüstenähnliche Gebiete. Heutzutage ist er aber auch auf Golfplätzen, an Straßenböschungen oder auf Flugplätzen zu finden.

Der Kaninchenkauz lebt in Bodenhöhlen, ähnlich wie Kaninchen (diesem Umstand verdankt er auch seinen Namen), die er – nur wenn es unbedingt sein muss – selbst gräbt. Lieber übernimmt er die verlassenen Höhlen und unterirdischen Gänge von Säugetieren, ganz besonders von den Präriehunden. Die Röhren reichen etwa bis zu einer Tiefe von einem Meter unter der Erde und winden sich in einem zwei bis drei Meter langen Gang bis hin zur Schlaf- und Bruthöhle. Häufig werden auch mehrere Aus- und Eingänge angelegt.

In seiner Höhle bleibt der Kaninchenkauz vor Feinden weitestgehend geschützt. Versucht doch einmal ein Räuber einzudringen, so ahmt die kleine Eule täuschend ähnlich das Rasseln einer Klapperschlange nach und der Eindringling zieht sich fluchtartig zurück.

Eigentlich ist der Kaninchenkauz Dämmerungsjäger. Gelegentlich geht er aber auch am Tag oder in der Nacht auf die Jagd. Bevorzugt jagt er vom Ansitz aus. Gelegentlich fliegt er bei der Suche nach Nahrung auch knapp über den Boden oder rennt der entdeckten Beute mit langen Schritten hinterher. Hauptnahrung sind Käfer, Heuschrecken, Skorpione und Ähnliches, aber auch kleine Nager, Eidechsen oder Singvögel stehen auf dem Speiseplan.

Der Kaninchenkauz ist ein typischer Bodenbewohner, der in Erdhöhlen Zuflucht sucht und dort auch brütet.

In der Regel beginnt die Brutzeit in den Monaten März/April. Das Weibchen legt in die lose, mit trockenem Laub ausgepolsterte Brutkuhle zwei bis elf Eier. Diese werden etwa 30 Tage lang bebrütet, und zwar im Wechsel von beiden Elterntieren. Auch die Aufzucht der Jungtiere teilen sich die Altvögel ganz einvernehmlich. In der freien Natur nisten die Tiere häufig in kleinen Kolonien, sodass sich mehrere Paare ein Brutrevier teilen.

Genau wie die Altvögel sind auch die Nestlinge schon sehr frühzeitig in der Lage, die „Klapperschlangengeräusche" zu imitieren. Daher bleiben sie in Ihrer Bruthöhle relativ sicher und ungestört. Sie verlassen das Nest zwar schon, bevor sie flügge werden, bleiben die erste Zeit aber immer noch in der Nähe des Baues.

Alles in allem ist der Kaninchenkauz ein sehr munterer und umtriebiger Geselle. Mit seinen im Verhältnis zum Kopf doch relativ großen, gelben Augen betrachtet er äußerst neugierig und hellwach die Umgebung. Dabei „knickst" er – wie bereits eingangs erwähnt – aufgeregt mit seinen langen, dünnen Beinen, sobald irgendetwas in der Umgebung seine Aufmerksamkeit erregt. Das Stimmvolumen ist nicht sehr lautstark, sondern kann wohl eher als sanft bezeichnet werden.

## ZUR HALTUNG IN DER VOLIERE (bezogen auf ein Tier)

**Volierengröße:** Etwa 5,00 m (2,50 x 2,00 m), Höhe 2,0 m, für jedes weitere Tier 1 m² mehr.
Die Tiere sind empfindlich gegen sehr starken Frost, daher benötigen sie einen unbeheizten Schutzraum oder eine Schlafhöhle.

**Nistplatz:** Eine geschlossene Kiste mit Einschlupfloch am Boden ist ideal. Davor wird Sand ausgestreut, der durch eine Überdachung geschützt werden sollte.

**Futtermenge:** Pro Tier und Tag ein Eintagsküken.
Während der Brutaufzucht muss die Menge des Futters entsprechend der Anzahl der Jungtiere erhöht werden.

**Sonstiges:** Sehr ruhige, muntere und überaus neugierige Tiere.
B-Vogel (nicht-CITES-pflichtig), Ringgröße 7,0

# KAP-UHU

*(Bubo capensis)*

Der Kap-Uhu ist eine der acht in Afrika beheimatete Uhu-Arten, die wiederum mit drei Unterarten vertreten ist. Die Lebensräume der einzelnen Unterarten liegen sehr weit auseinander, sodass es zu keiner Vermischung kommt.
Die Unterart ***Bubo capensis dillonii*** ist von Äthiopien bis Eritrea anzutreffen. Die Unterart ***Bubo capensis capensis*** ist in Südafrika beheimatet. Die dritte Unterart ***Bubo capensis mackinderi*** ist im kenianischen Hochland bis Simbabwe zu finden. Die Tiere leben dort bis in Höhen von über 2.000 m, in Kenia sogar bis zu 4.000 m.
Das Gefieder dieser 49 bis 60 cm großen dunkelbraunen Eule ist unterseits weißlich und dunkelbraun gefleckt und erinnert in seiner Anordnung etwas an Fischschuppen. Die Füße und Zehen sind bis hin zu den langen und kompakten dunkelgrauen Krallen befiedert. Der kräftige, lange Schnabel ist ebenfalls dunkelgrau. Die Iris der großen Augen leuchtet orangegelb. Die nahe Verwandtschaft des Kap-Uhus mit dem **Europäischen Uhu** und dem **Virginia-Uhu** ist offensichtlich. Wie diese hat auch er lange und auffällige Federohren.
Sein Habitat umfasst große Waldflächen mit angrenzenden Freiflächen und Mooren sowie Felsregionen mit tief eingeschnittenen Schluchten und Tälern oder sanften Hügeln.

Der Kap-Uhu ist nachtaktiv. In erster Linie macht er Jagd auf kleine Nager, Vögel, Insekten und Schlangen, aber auch auf Flughunde, Hasen und Dachse.
Wenig bekannt ist über das Balz- und Brutverhalten. Es wird jedoch vermutet, dass dieses kaum vom Verhalten des Europäischen Uhus abweicht. Wie er ist auch der Kap-Uhu ein Bodenbrüter.
Die Brutzeit liegt in den Monaten April bis Juni. Gebrütet wird auf Felsvorsprüngen, in Felsspalten oder unter schützendem Buschwerk. Das Gelege besteht aus zwei bis drei Eiern und wird etwa 34 Tage lang vom Weibchen bebrütet. Das Männchen ist in dieser Zeit für die Beschaffung der Nahrung zuständig.
Nach etwa fünf bis sechs Wochen verlassen die Jungtiere das Nest. Zu diesem Zeitpunkt sind sie jedoch noch flugunfähig und klettern, unter der ständigen Aufsicht der Altvögel, in der Nähe des Nestes herum. Ihre Flugfähigkeit erreichen die jungen Kap-Uhus dann mit etwa elf bis zwölf Wochen.
Sie werden noch von den Altvögeln bis ungefähr zum dritten Lebensmonat versorgt. In dieser Zeit erlernen die Jungvögel die Techniken der Jagd und der Verteidigung. Ist diese „Lernzeit" abgeschlossen, verlassen sie die Altvögel.

## ZUR HALTUNG IN DER VOLIERE (bezogen auf ein Tier)

**Volierengröße:** Etwa 18,00 m² (3,00 x 6,00 m), Höhe 2,50 m, für jedes weitere Tier 3 m² mehr.
Die Tiere sind völlig winterhart, sie benötigten nur einen ausreichenden Wind- und Regenschutz.

**Nistplatz:** Die Tiere sind Bodenbrüter, daher ist keine besondere Ausstattung erforderlich.

**Futtermenge:** Pro Tier und Tag drei Eintagsküken.
Während der Brutaufzucht muss die Menge des Futters entsprechend der Anzahl der Jungtiere erhöht werden.

**Sonstiges:** Sehr ruhige, muntere und überaus neugierige Tiere.
B-Vogel (nicht-CITES-pflichtig), Ringgröße 22,0

# KENNICOTTI-EULE

*(Megascops kennicotti)*

Die Kennicotti-Eule zählt zur Gattung der Kreischeulen, die in Amerika beheimatet sind. Früher wurden die rund 30 Arten der Kreischeulen der Gattung ***Otus***, den Zwergohreulen, zugeordnet. Aufgrund wissenschaftlicher Untersuchungen wurde festgestellt, dass es sich um eine eigene Gattung mit der Bezeichnung ***Megascops*** handelt.
Die 18 bis 24 cm große, auch als **Kanadische Zwergohreule** oder **West-Kreischeule** bezeichnete Eule mit den langen Federohren lebt im südlichen Kanada, in den Rocky Mountains, im Westen Nordamerikas, in Mexiko und in den Küstenregionen des nordwestlichen Pazifiks. Momentan sind acht Unterarten bekannt.
Die Zeichnung des Gefieders variiert je nach Standort. So sind die Tiere im Nordwesten eher bräunlich bis graubraun gefärbt, wogegen die südlicheren Arten mehr grau befiedert sind. Die Iris der großen Augen ist von einem intensiven Hellgelb.
Das Weibchen ist etwas größer als das Männchen. Die Flügelspannweite der Männchen beträgt ungefähr 16 cm, die der Weibchen etwa 17 cm.
Die Kennicotti-Eule lebt in lichten Eichenwäldern, an Flussufern oder in den mexikanischen Kaktuswüsten. Sie ist vorwiegend nachtaktiv. Mit einbrechender Dämmerung verlässt sie ihren Ruheplatz, um zu jagen. Auf dem Speiseplan stehen kleine Nager, Insekten, Würmer, Frösche und Singvögel.
Geschlechtsreif werden Kennicotti-Eulen mit einem Jahr. Hat sich ein Paar gefunden, so hält die Verbindung meist auch lebenslang. Nur sehr selten sind sie polygam.
Ungefähr im Januar/Februar beginnt die Balz- und Paarungszeit. Dabei trägt das Männchen dem Weibchen Beutetiere zu und betreibt aufwendige Werbung. Auffällig ist dabei sein Balzgesang, ein lauter Doppeltriller.
Die Brutzeit liegt in den Monaten März/April. Das Gelege umfasst zwei bis sieben Eier, meist jedoch nur drei. Es wird 27 bis 33 Tage lang in einer Baumhöhle bebrütet. In dieser Zeit trägt das Männchen dem Weibchen Nahrung zu.
Die frisch geschlüpften Küken sind dicht mit weichen, weißen Dunenfedern überzogen und ihre Augen sind noch fest geschlossen. Flügge werden sie nach ungefähr 32 Tagen.
Obwohl Kennicotti-Eulen sehr aggressiv sind und ihr Nest lautstark, nötigenfalls auch mit Körpereinsatz, verteidigen, – weswegen sie im Volksmund auch oft „Gefiederte Wildkatze" genannt werden – wird ihr Nest doch sehr oft von Eichhörnchen oder Spechten geplündert.

## ZUR HALTUNG IN DER VOLIERE (bezogen auf ein Tier)

**Volierengröße:** Etwa 7,00 m² (2,00 x 3,50 m), Höhe 2,50 m, für jedes weitere Tier 3 m² mehr.
Die Tiere sind winterhart und benötigen nur einen ausreichenden Wind- und Regenschutz.

**Nistplatz:** Ein erhöht angebrachter Nistkasten oder ein ausgehöhlter Baumstamm.

**Futtermenge:** Pro Tier und Tag zwei Eintagsküken.
Während der Brutaufzucht muss die Menge des Futters entsprechend der Anzahl der Jungtiere erhöht werden.

**Sonstiges:** Die Tiere sind recht ruhig, daher ist ihre Haltung auch im Wohngebiet problemlos möglich.
B-Vogel (nicht-CITES-pflichtig), Ringgröße 10,0

# MALAIENKAUZ

*(Strix leptogrammica)*

Zu den drei Arten der in Asien, Malaysia, Thailand, Indien und China beheimateten Waldeulen gehört, neben dem **Mangokauz *(Strix ocellata)*** und dem **Pagodenkauz *(Strix seloputo)***, mit 46 bis 53 cm Körpergröße der Malaienkauz. Er ist die größte dieser drei Eulenarten und es werden ihm elf Unterarten zugeordnet.

Der Malaienkauz ist ein Eulenvogel, der die ganze Faszination dieser Tiere vermittelt. Seinem eindringlichen Blick aus den großen, alles beherrschenden Augen, dunkelbraun und unergründlich, kann man sich einfach nicht entziehen. Verstärkte wird diese Intensität noch durch die schwarze Iris.

Das Gefieder ist oberseits und am Kopf dunkelbraun. Die Flügel haben hellbraune und weißliche Einschlüsse. Der hellbraune bis ockerfarbige Gesichtsschleier ist fast herzförmig umrahmt von einem fein gezeichneten, dunklen Federkranz. Die wunderschönen Augen sind von einem dunkelbraunen Federkranz umgeben. Unübersehbar sind die kräftigen, hellen Augenbrauen.
Beiderseits des hellen, schmalen Schnabels breitet sich ein kleiner, feinfedriger Fächer aus. Ein weißer Kehlstreifen unterteilt Kopf- und Brustpartie. Die Vorderseite besticht mit dem auffällig hell- und dunkelbraun gestreiften und sehr feinen Gefieder.

Je nach Lebensraum der Tiere zeigen sie Unterschiede in Größe und Gefiederfärbung. So sind die helleren und größeren Tiere vorwiegend in bergigen Regionen zu finden, wogegen die Tiere in den tropischen Regionen meist kleiner und dunkler sind.

Der Malaienkauz hat wie viele andere Eulenarten auch hellblaue Nickhäute.

Bei diesem Jungvogel ist die markante Gesichtszeichnung noch nicht ganz so ausgeprägt.

In der freien Natur sind sie nur sehr schwer ausfindig zu machen, da sie sich vorwiegend in tropisch-feuchten und geschlossenen Waldgebieten aufhalten. Aus diesem Grund sind sie auch kaum zu beobachten und werden daher als relativ selten eingestuft. Allerdings soll man diese Tiere in bergigen Regionen noch in Höhen von 2.800 bis fast 4.000 m und höher gesehen haben.

Ihre Beutetiere sind Mäuse, Eidechsen, Insekten, Eichhörnchen und auch Fische.

Geschlechtsreif werden Malaienkäuze mit etwa zwei Jahren. Gebrütet wird in Baumhöhlen oder Felsspalten. Die Brutzeit fällt je nach Habitat in die Monate Januar bis Juni. Das Gelege besteht aus ein bis zwei Eiern. Die Brutdauer beträgt 28 bis 30 Tage. Während der Brut- und Aufzuchtzeit sind die Altvögel äußerst aggressiv.

Die Nestlinge verlassen nach etwa 35 Tagen das Nest, sind allerdings erst nach ungefähr zwei Monaten flugfähig. Bis dahin bewegen sie sich kletternd fort.

Das Gefieder der Jungvögel ist, außer dem bereits markant ausgeprägten Gesichtsschleier und den teilweise bereits braunen Flügeln, schneeweiß.

## ZUR HALTUNG IN DER VOLIERE (bezogen auf ein Tier)

**Volierengröße:** Etwa 12,00 m$^2$ (2,00 x 6,00 m), Höhe 2,50 m, für jedes weitere Tier 3 m$^2$ mehr.
Für die kalten Wintermonate ist eine Innenvoliere von etwa 4 m$^2$ (2 x 2 m) und einer Höhe von 2 m empfehlenswert. Diese muss nicht beheizbar, jedoch frost- und zugfrei sein.

**Nistplatz:** Ein erhöht im Innenraum angebrachter, ausgehöhlter Baumstamm.

**Futtermenge:** Pro Tier und Tag zwei Eintagsküken.
Während der Brutaufzucht muss die Menge des Futters entsprechend der Anzahl der Jungtiere erhöht werden.

**Sonstiges:** Sehr ruhige und schnell zutraulich werdende Tiere.
B-Vogel (nicht-CITES-pflichtig), Ringgröße 14,0

# PERLKAUZ

*(Glaucidium perlatum)*

Sechs der 29 bekannten Sperlingskauz-Arten leben in Afrika. Die davon wohl am weitesten in Afrika verbreitete Art ist der 17 bis 20 cm große Perlkauz oder **Perl-Sperlingskauz**.
In verschiedenen Landstrichen Afrikas wie zum Beispiel in Namibia nennt ihn der Volksmund, frei übersetzt und abgeleitet von seinem Ruf, auch „Tonleiterkauz".

Sein Lebensraum sind die Savannen, die Akazienwälder und die Täler südlich der Sahara. In Ost- und Mittelafrika ist er weit verbreitet. Nicht zu finden ist er im Süden und Westen des Kontinents.

Männliche und weibliche Tiere ähneln sich im Aussehen frappierend. Das Gefieder der Oberseite hat einen warmen Braunton und ist übersät mit unzählig kleinen weißen Punkten.

Die Unterseite ist eher weiß und vereinzelt von schwarzen Längsstreifen durchzogen. Auch der für die meisten dieser Gattung so charakteristische helle Querstreifen im Nacken ist vorhanden.

Außerdem weist das Gefieder des Perlkauzes noch eine spezielle Besonderheit auf. So befinden sich beidseitig auf dem Hinterkopf der Tiere zwei auffällige, schwarz umrandete weiße Flecken.

Man nimmt an, dass diese ein „zweites Gesicht" vortäuschende Zeichnung eine abschreckende Wirkung auf eventuelle Feinde haben und so die Tiere vor Angriffen von hinten schützen soll.

Auf dem Hinterkopf besitzt der Perlkauz das sogenannte „zweite Gesicht", das eine abschreckende Wirkung auf Feinde haben soll.

Dank seiner geringen Körpergröße kann der Perlkauz auch in einer relativ kleinen Voliere gehalten werden.

Der Perlkauz hat keine bestimmten Jagdzeiten, sondern ist sowohl tag- als auch nachtaktiv und jagt vom Ansitz aus. Dort lauert er auf seine Beute und schlägt sie dann im Sturzflug. Beutetiere sind kleinere Nagetiere, Insekten, Käfer, Reptilien und Vögel, wobei diese durchaus genauso groß sein können wie er selbst.

Perlkäuze werden bereits mit einem Jahr geschlechtsreif. Gebrütet wird in einer Baumhöhle. Oft werden auch verlassene Nester von anderen Vögeln wie zum Beispiel von Elstern übernommen.

Die Balzzeit beginnt bereits im späten Winter. In dieser Zeit ist der eigenwillige, jedoch nicht unangenehme Ruf, weithin vernehmbar.

Ende April/Anfang Mai beginnt das Weibchen zu legen. Das Gelege besteht in der Regel aus zwei bis vier Eiern und wird 28 Tage lang bebrütet.

In dieser und in der ersten Zeit der Aufzucht ist das Männchen allein für die Futterbeschaffung zuständig. Die Küken tragen bereits ab Schlupf ein weißes Dunenkleid. Jedoch wachsen die braunen Federn bald nach. Im Alter von etwa vier Wochen sind die Jungvögel dann komplett ausgefiedert und flügge.

Bei diesem Perlkauz sind gut die feinen Tasthaare am Schnabel zu erkennen.

Der Perlkauz nistet in Baumhöhlen. Hier ist auch sehr schön das Muster mit den weißen Punkten zu erkennen.

## ZUR HALTUNG IN DER VOLIERE (bezogen auf ein Tier)

**Volierengröße:** Etwa 2,00 m$^2$ (2,00 x 1,00 m), Höhe 2,00 m, für jedes weitere Tier 1 m$^2$ mehr.
Für die kalten Wintermonate ist ein Innenraum von etwa 1 m$^2$ erforderlich, der nicht beheizbar, aber frostfrei sein muss.

**Nistplatz:** Ein erhöht angebrachter, ausgehöhlter Baumstamm mit Nistmulde. Weiteres Nistmaterial ist nicht notwendig.

**Futtermenge:** Pro Tier und Tag ein Eintagsküken.
Während der Brutaufzucht muss die Menge des Futters entsprechend der Anzahl der Jungtiere erhöht werden.

**Sonstiges:** Sehr ruhige und schnell zutraulich werdende Tiere.
B-Vogel (nicht-CITES-pflichtig), Ringgröße 6,5

# RAUFUSSKAUZ

*(Aegolius funereus)*

Besonders auffällig ist beim 24 bis 26 cm großen Raufußkauz der im Verhältnis zum relativ kleinen Körper große, runde Kopf. Wie bei fast allen Eulenarten sind die Geschlechter vom Aussehen her nicht zu unterscheiden. Allerdings gibt es erhebliche Unterschiede in Gewicht und Größe. Weibliche Tiere können bis zu 210 g schwer werden, wogegen die Männchen nur durchschnittlich 110 g wiegen.

Das Verbreitungsgebiet des Raufußkauzes, von dem bisher sechs Unterarten bekannt sind, reicht von Europa über Asien bis Nordamerika, wobei in Nordamerika nur die Unterart ***Aegolius funereus richardsoni*** bekannt ist.

Sein Habitat sind große Wälder mit Tannen-, Fichten- und Buchenbestand. Reine Buchenwälder gehören dagegen nicht zu seinen bevorzugten Standorten. Er ist dann noch eher in Gebieten mit Lärchen- oder Birkenbewuchs zu finden. Wichtig für ihn sind – neben einem ergiebigen Nahrungsangebot – ausreichend viele freie Jagdflächen und vor allem geeignete Brutgelegenheiten. Hierzu übernimmt er bevorzugt Schwarzspechthöhlen.
Ganz wichtig bei der Wahl des Reviers sind auch genügend vorhandene und schnell erreichbare Tagesruheplätze, die ihm ausreichend Schutz und Deckung bieten. Seine Hauptnahrung besteht aus kleinen Säugern. Gelegentlich erbeutet er auch Vögel.
Ist ein Gebiet bereits von Mardern, Waldkäuzen oder Uhus besiedelt, wird der Raufußkauz es meiden.

Unverkennbar ist der helle, mit einem feinen dunklen Federkranz umrahmte Gesichtsschleier. Unterhalb der intensiv gelb gefärbten Augen ist beidseits des ebenfalls gelben Schnabels eine filigrane, dunkelgraue Federzeichnung zu erkennen.

Das graubraune Gefieder der erwachsenen Tiere weist auf der Oberseite eine Vielzahl von weißen tupfenartigen Einschlüssen auf. Die Unterseite hat dagegen eine sehr helle graue Farbe mit graubraunen bis braunen Einschlüssen. Bei Jungvögeln fehlen dagegen noch sowohl der markante Gesichtsschleier als auch die auffällige Befiederung. Ihr Federkleid ist durchgehend dunkelbraun gefärbt und das weiße „Pünktchenmuster" ist noch kaum zu erkennen. Auffällig sind dagegen die weißen Augenbrauen und die weiße „Wangenbefiederung".

Im Gegensatz zum Beispiel zum Steinkauz sind die Füße des Raufußkauzes eher kurz. Sie sind bis hin zu den sehr spitzen Krallen hellgrau gefärbt und fast „pelzartig" befiedert. Aufgrund dieser Befiederung hat der Raufußkauz auch seinen Namen erhalten.
In der Regel ruht der Raufußkauz tagsüber. Am liebsten sucht er dann Deckung in dichten Nadelgehölzen, indem er sich – stehend – eng an den Stamm schmiegt. Allerdings unterbricht er diese Ruhezeiten auch, um hin und wieder ein Sonnen- oder Wasserbad zu nehmen, oder zur ausgiebigen Gefiederpflege. Gern genießt er, wenn sich die Gelegenheit bietet, auch ein Regen- oder Schneebad.

Bei Einbruch der Dunkelheit wird er munter und aktiv. Er ist ein ausgesprochener Ansitzjäger, der rein nach Gehör jagt. Die punktgenaue Ortung der Beutetiere wird durch die wie bei vielen anderen Eulenarten auch am Kopf unterschiedlich hoch liegenden Gehörgänge ermöglicht. Hat er seine Beute geortet, stürzt er nach unten und schlägt sie. Im Gegensatz zu größeren Eulen zerrupft er seine Beutetiere vor dem Verschlingen. Mit Beginn der Morgendämmerung zieht er sich dann wieder auf seinen Ruheplatz zurück.

Der Raufußkauz ist ein typischer Einzelgänger.

Im Allgemeinen sind Raufußkäuze eher konfliktscheu. Auch gegenüber ihren Artgenossen hegen sie keine besonders ausgeprägten Aggressionen. Nachdem es für sie keine starren Reviergrenzen gibt, besteht auch kein Anlass zu wilden Revierkämpfen.

Außerdem sind sie nicht reviertreu. Zwar verbleiben insbesondere männliche Tiere bei üppigem Nahrungsangebot oft längere Zeit an einem Ort, jedoch ist dies nicht die Regel. Weibliche Tiere hingegen halten nichts von einem „festen Wohnsitz".

Raufußkäuze sind absolute Einzelgänger und mit Beendigung der Brutperiode endet auch fast immer die Bindung der Altvögel. Selbst während der Brutzeit pflegen sie keinen sehr engen Partnerkontakt. So kann es durchaus vorkommen, dass ein Weibchen die Jungen, sobald diese nicht mehr gehudert werden müssen, verlässt und an einem weiter entfernten Ort mit einem anderen Partner ein zweites Gelege beginnt. In diesem Fall übernimmt dann das Männchen allein die weitere Betreuung der Jungtiere. Auch diese Konstellation anders herum ist keine Seltenheit.

Die Brutzeit beginnt Mitte März oder Anfang April. Der Raufußkauz nistet zwar bevorzugt in verlassenen Schwarzspechthöhlen, er nimmt aber auch gern angebotene Nistkästen an.

Allerdings werden vor Brutbeginn weder irgendwelche Säuberungen der Brutmulde durchgeführt noch wird Nistmaterial eingetragen. Dagegen legt er während der Brutzeit umfangreiche Depots mit Beutetieren an.
Die Anzahl der Eier richtet sich streng nach dem vorhandenen Nahrungsangebot. Es können nur zwei, aber auch bis zu neun Eier gelegt werden. Die Brutzeit beträgt etwa 27 Tage.

Ungefähr 30 Tage nach Schlupf verlassen die Jungen das Nest, werden aber noch mindestens einen Monat, in der Regel sogar mehrere Monate lang, von den Altvögeln versorgt und angeleitet. Beginnt dann im Herbst wieder die Balzzeit, wandern die Jungvögel ab.

## SÄGEKAUZ *(Aegolius acadicus)*

Von insgesamt vier *Aegolius*-Arten soll hier noch der Sägekauz erwähnt werden, da er dem Raufußkauz sehr ähnelt, allerdings mit 18 bis 21 cm etwas kleiner ist. Auch die Verbreitungsgebiete der beiden Arten überschneiden sich. Der Sägekauz kommt vor allem in den dichten, feuchten Wäldern Nordamerikas vor. Ihm ist eine Unterart zugeordnet. Er ist dämmerungs- und nachtaktiv und jagt Kleinsäure und Vögel bis zu seiner eigenen Größe. Aber auch Fledermäuse und Amphibien gehören zu seinem Speiseplan.

Seinen Namen hat der Sägekauz erhalten, weil er angeblich Laute hervorbringt, die sich wie das Wetzen einer Säge anhören. Allerdings sind die Töne nicht so häufig zu hören.

Der Sägekauz nistet in Baumhöhlen und nutzt gern alte Spechthöhlen. Das Gelege besteht aus vier bis sieben Eiern und wird etwa 28 Tage lang bebrütet.

Die Haltungsbedingungen entsprechen denen des Raufußkauzes.

## ZUR HALTUNG IN DER VOLIERE (bezogen auf ein Tier)

**Volierengröße:** Etwa 6,00 m$^2$ (2,00 x 3,00 m), Höhe 2,50 m, für jedes weitere Tier 1 m$^2$ mehr.
Je nach Herkunft der Tiere kann für die Wintermonate ein frostfreier Innenraum erforderlich sein.

**Nistplatz:** Ein Nistkasten, der so hoch wie möglich angebracht wird.

**Futtermenge:** Pro Tier und Tag ein Eintagsküken.
Während der Brutaufzucht muss die Menge des Futters entsprechend der Anzahl der Jungtiere erhöht werden.

**Sonstiges:** Sehr ruhige, schnell zutraulich werdende und etwas neugierige Tiere.
A-Vogel (CITES-pflichtig), Ringgröße 6,0

# SCHLEIEREULE

*(Tyto alba)*

Schleiereulen nehmen innerhalb der Ordnung der Eulen (Strigiformes) eine Sonderstellung ein. Die Gattung ***Tyto*** wird zusammen mit der Gattung ***Phodilius***, die allerdings nur durch eine Art (**Phodilius badius**, **Maskeneule**, siehe Kasten) vertreten ist, der Familie der **Schleier- und Maskeneulen (Tytonidae)** zugeordnet. Zurzeit sind 17 verschiedene Schleiereulen-Arten bekannt. Die bei uns heimische Art ist ***Tyto alba***. Sie wird etwa 33 bis 35 cm groß und 300 bis 400 g schwer und erreicht eine Flügelspannweite von bis zu 85 cm.

Ihr unverkennbares Merkmal ist der herzförmige Gesichtsschleier, der sich bei den bisher bekannten über 30 Unterarten lediglich farblich unterscheidet. Er ist sehr hell und variiert in der Farbe von Reinweiß über Hellgrau, Dunkelgelb und gelblichem Braun bis hin zu Braun und hellem Rostrot.

Die Schleiereule ist weltweit die am weitesten verbreitete Eulenart. Die nordamerikanische Unterart ***Tyto alba pratincola*** gehört zu den größten Schleiereulen. Die auf den Galapagos-Inseln vorkommende Unterart ***Tyto alba punctatissima*** gilt als der kleinste Vertreter dieser Eulenfamilie. Sie weist ein Gewicht von etwa 200 g bis zu 500 g auf.

Das Verbreitungsgebiet der Schleiereule umfasst fast alle Landschaftsformen. Lediglich in den dichten Regenwäldern, den reinen Wüstengebieten und im Hochgebirge fehlt sie. Jedoch lebt sie bevorzugt in Gegenden mit halboffenen Landschaften. Die in Europa von der Schleiereule besiedelten Gebiete reichen im Norden bis Schottland und Dänemark und im Osten bis in die Ukraine. In Mitteleuropa ist die Schleiereule vorwiegend in offenen, ländlichen Gebieten mit kleinen Ansiedlungen anzutreffen ist. Zum

Bei uns weniger bekannt sind die dunkleren Unterarten.

Brüten nutzt sie gern Scheunen und Kirchtürme, hin und wieder aber auch Baumhöhlen.

Während die Oberseite des Gefieders fast immer bräunlich gefärbt ist mit deutlich grauen Anteilen, ist die Farbe der Unterseite, wie die Farbe des Gesichtsschleiers, von Unterart zu Unterart verschieden. Sie reicht von Schneeweiß bis zu einem dunklen, fast schwarzen Braun. Auch zeigen sich bei den einzelnen Unterarten ganz deutlich unterschiedliche Zeichnungen, Flecken und Sprenkelungen.
Die Geschlechter ähneln sich im Aussehen verblüffend. Allerdings sind die weiblichen Tiere in der Regel größer und schwerer. Alle Schleiereulen sind sehr langflügelig

Bei dieser Schleiereule ist die Sprenkelung des weißen Gefieders stark ausgeprägt.

und langbeinig. Die dunkelbraunen bis dunkelgrauen Zehen sind fast unbefiedert. Der Schnabel ist nicht sehr mächtig und weißlich gelb gefärbt. Die Iris ist dunkelbraun bis schwarz. Die runden Augen wirken fast knopfartig, hierdurch erscheint der Blick seltsam eindringlich.

Schleiereulen sind hauptsächlich Dämmerungsjäger. Bei geringerem Nahrungsangebot oder während der Brutpflege jagen sie jedoch durchaus auch tagsüber. Ihre Hauptnahrung besteht aus Mäusen, je nach Verbreitungsgebiet und Nahrungsangebot aber auch aus Fledermäusen, Vögeln, Reptilien, Ratten, Fröschen und Insekten.

Schleiereulen orten ihre Beutetiere sowohl optisch als auch akustisch. Der Gesichtsschleier ist dabei eine wichtige Hilfe. Er verstärkt zum einen den Schall und schirmt zum anderen Nebengeräusche ab. Aufgrund dieser Fähigkeit können sie praktisch alle Geräusche, welche von den potenziellen Beutetieren verursacht werden, punktgenau orten. Manchmal neigen sie dabei auch den Kopf, wodurch die genaue Ortung der Geräuschquelle noch weiter unterstützt wird.

Um zu jagen, gleiten sie – meist fast geräuschlos – am liebsten entlang von Hecken und Zäunen relativ dicht über dem Boden. Sobald sie ein Beutetier entdeckt haben, lassen sie sich blitzschnell fallen und greifen dieses mit den Krallen. Nur ganz selten gehen sie auf Ansitzjagd.

Schleiereulen ruhen in der Regel tagsüber. Ihre Ruheplätze befinden sich an gut getarnten, möglichst abgedunkelten und vor Wind und Wetter geschützten Orten wie zum Beispiel Scheunen, Ruinen, Felsspalten oder Baumhöhlen. Sie stehen dabei aufrecht, wobei sie häufig die Möglichkeit nutzen, sich irgendwo anlehnen zu können.

Ehe sie in der Dämmerung zur Jagd ausfliegen, betreiben sie intensive Körperpflege. Zuerst dehnen und strecken sie sich. Dann wird das Gefieder zurechtgeschüttelt. Anschließend wird dieses, unter Einsatz der Putzkralle (dies ist die Mittelzehe, die gezähnt ist) und des Schnabels, mit einem Sekret aus der Bürzeldrüse eingefettet. Zur regelmäßigen Körperpflege gehören ebenfalls Regen-, Wasser- und Sonnenbäder.

Schleiereulen sind im Allgemeinen reviertreu. Selbst abgewanderte Jungvögel entfernen sich meist nur bis zu einem Radius von höchstens 50 km von ihrem Geburtsort. Außerhalb der Balz-, Paarungs- und Brutzeit sind diese Eulen lieber Einzelgänger. Allerdings ist ihr Revierverhalten nicht sehr streng und so leben oft mehrere Tiere in enger Nachbarschaft.

Schleiereulen vermeiden tunlichst den Kontakt mit Feinden. Bei Störungen jeglicher Art drücken sie sich eng in ihre Deckung. Ist eine direkte Konfrontation unvermeidlich, gehen sie mit vorgebeugtem Körper und ausgestreckten Flügeln in „Drohstellung". Dabei stoßen sie laute Schreie aus und versuchen, den Gegner mit Scheinangriffen zu vertreiben. Gelingt dies nicht, fliehen sie und verspritzen dabei dünnen Kot.

Jungvögel, flugunfähige und aufgegriffene Eulen wehren sich vehement, indem sie mit ihren spitzen Krallen zuschlagen. Häufig legen sie sich auch ganz einfach auf den Rücken und bleiben in dieser Position bewegungslos und mit geschlossenen Augen liegen. Diese Art des Totstellens bezeichnet man als Akinese.
Der Beginn der Balz- und Brutzeit ist stark abhängig vom Nahrungsangebot. Meist erfolgt sie in der Zeit von März

Schleiereulen suchen bei Störungen jeder Art möglichst eine Deckung auf.

bis Mai. Ihren Tagesruheort verlegen die Tiere in diesem Zeitraum in die Nähe des Brutplatzes. Dann sitzen die Partner auch meist dicht nebeneinander. Nun kommt es auch zur gemeinsamen Gefiederpflege und der Schleier, der Kopf und der Nacken werden ausgiebig vom Partner gekrault. Nach der Eiablage hält das Männchen jedoch Distanz zum Nest.

Im Abstand von zwei Tagen legt das Weibchen zwei bis zwölf Eier. Die Bebrütung beginnt mit dem ersten Ei und

## MASKENEULE *(Phodilus badius)*

Die Maskeneule ist wohl die einzige Eulen-Gattung und auch gleichzeitig die einzige Art, die neben den Schleiereulen der Familie Schleier- und Maskeneulen zugeordnet ist. Allerdings wurden bisher in verschiedenen Quellen noch eine oder sogar mehrere Arten dieser Gattung zugeordnet. Ob es sich dabei aber wirklich um Arten oder nur Unterarten handelt, ist nicht genau geklärt. Zurzeit werden der Maskeneule selbst offiziell sechs Unterarten zugeordnet.

Das Verbreitungsgebiet der Maskeneule erstreckt sich von Südostasien bis nach Ozeanien. Diese 23 bis 33 cm große Eulenart ist dort mit sechs Unterarten vertreten. Aufgrund ihres etwas absonderlichen Gesichts wird diese Art auch Fratzeneule genannt.

Über die Biologie der Maskeneule ist relativ wenig bekannt. Als nachtaktiver Waldbewohner jagt sie Kleinsäuger, Vögel, Eidechsen, Frösche und Insekten. Da sie häufig in Wassernähe anzutreffen ist, gehören vermutlich auch Fische auf ihren Speiseplan. Aufgrund der kurzen Flügel und des kurzen Schwanzes kann sie auch in dichtem Unterholz auf die Jagd gehen. Das Gelege mit drei bis fünf Eiern wird in Baumhöhlen gelegt, die ansonsten auch tagsüber zum Ruhen aufgesucht werden. Da die Tiere nur in den Tropen und Subtropen vorkommen, würde man für die Haltung von Maskeneulen einen beheizbaren Innenraum mit einer Mindesttemperatur von 15 °C benötigen.

dauert 30 Tage. Bis das jüngste Tier etwa drei Wochen alt ist, versorgt das Männchen allein das Weibchen und die Küken mit Nahrung. Nach etwa zwei Monaten werden die Jungvögel flügge.
Schleiereulen sind absolut polygam. So versucht das Männchen bereits, während das Weibchen brütet, weitere Partnerinnen zu gewinnen, sodass nicht selten mehrere Weibchen entweder am gleichen Brutplatz oder an verschiedenen Brutplätzen im Revier eines Männchens brüten. Seltener, aber durchaus möglich, sind Einzelbruten eines Weibchens mit mehreren Männchen an einem Nest.
Ab dem 30. Tag nach Schlupf beginnen die Jungvögel mit dem Trainieren der Jagdtechniken. Dabei laufen sie umher und üben Sprünge. Nun nimmt auch der Aktivitätsdrang ständig zu und sie verlassen bereits für mehrere Stunden das Nest, um die nähere Umgebung zu untersuchen. Etwa ab dem 40. Tag versuchen sie zu flattern. Im Herbst ist ihre „Ausbildung" abgeschlossen und sie wandern ab.
Von vielen Landwirten wird die Schleiereule auch heute noch sehr geschätzt, da sie Ratten und Mäuse vernichtet. Deshalb findet man an Ställen und Scheunen oft sogenannte „Eulentüren", um den Tieren den ungehinderten Zugang zu Brutplätzen in den Gebäuden anzubieten.

Ein eher seltener Anblick der recht scheuen und aufmerksamen Tiere: eine junge Schleiereule im Profil.

## ZUR HALTUNG IN DER VOLIERE (bezogen auf ein Tier)

**Volierengröße:** Etwa 7,50 $m^2$ (2,50 x 3,00 m), Höhe 2,50 m, für jedes weitere Tier 3 $m^2$ mehr.
Je nach Herkunft der Tiere kann für die Wintermonate ein frost- und zugfreier Innenraum erforderlich sein.

**Nistplatz:** Eine so hoch wie möglich angebrachte Kiste mit etwa 10 cm hoher Umrandung und mit Einstreu ausgelegt.

**Futtermenge:** Pro Tier und Tag zwei Eintagsküken.
Während der Brutaufzucht muss die Menge des Futters entsprechend der Anzahl der Jungtiere erhöht werden.

**Sonstiges:** Sehr ruhige Tiere.
A-Vogel (CITES-pflichtig), Ringgröße 10,0

# SCHNEEEULE

*(Bubo scandiaca)*

Lange Zeit wurde die Schneeeule einer gesonderten Gattung unter den Eulenvögeln zugeordnet, und zwar der Gattung **Nyctea**. Jüngste Forschungen sollen aber gezeigt haben, dass sie, wie viele Experten bereits lange vermutet haben, wohl doch zur Gattung der Uhus ***(Bubo)*** gehört. Daher wird sie nunmehr wissenschaftlich als **Bubo scandiaca** bezeichnet. Unterarten sind nicht bekannt. Allerdings ist diese Zuordnung bei Fachleuten immer noch umstritten, da die Schneeeule doch gewisse Besonderheiten aufweist. So unterscheidet sie sich von den Uhus

Das Männchen der Schneeule zeichnet sich durch das fast reinweise Gefieder aus.

Die weibliche Schneeeule ist an der dunklen Bänderung zu erkennen.

durch die bis zu den Zehen befiederten Füße und die weiße Gefiederfarbe. Diese Merkmale werden jedoch ihrem arktischen Umfeld zugeschrieben. Außerdem fehlen der Schneeeule aber auch die für Uhus charakteristischen Federohren.

Die Schneeeule ist nicht unbedingt reviertreu. Ihre ursprüngliche Heimat sind Island, Nordeuropa, Sibirien, Alaska, Kanada und Grönland. In sehr schneereichen Wintern und bei einem knappen Nahrungsangebot in ihrem eigentlichen Lebensraum kann es aber durchaus vorkommen, dass sie bis Mittelrussland, Zentralasien, Nordamerika und manchmal sogar bis in den Norden Mitteleuropas ausweicht.

In der kanadischen Provinz Québec gilt die Schneeeule seit 1987 als offizielles ornithologisches Wahrzeichen. Sie symbolisiert die weiße Pracht des Winters, die Anpassung an das gemäßigte nördliche Klima und auch das Engagement für Umwelt- und Naturschutz.

Hauptnahrung für Schneeeulen sind Lemminge. Allerdings schlagen sie auch Mäuse und Schneehühner und sind durchaus ebenso in der Lage, Tiere bis zur Größe von Schneehasen und Eisfüchsen zu erbeuten.

Die Schneeeule ist die einzige Eulenart, bei der die Geschlechter durch Farbe und Zeichnung des Gefieders klar unterschieden werden können. Während die männlichen Tiere fast reinweiß mit nur wenigen dunklen Tupfen gefärbt sind, ist das Gefieder der weiblichen Tiere an Kopf und Körper auffällig schwarz gebändert. Lediglich die Gesichts-, Fuß- und Zehenbefiederung ist auch beim Weibchen reinweiß. Der relativ kleine, dunkelgraue Schnabel ist zum größten Teil von ganz feinen Federchen, den sogenannten Vibrissen, bedeckt.
Wie bei allen anderen Eulenarten ist aber auch das Weibchen größer und schwerer als das Männchen. Die Tiere werden 55 bis 69 cm groß und 1.700 bis 2.100 g schwer. Die Flügelspannweite beträgt 145 bis 157 cm.

Anders als die meisten Eulen haben Schneeeulen keine bestimmte Jagdzeit. Sie sind, je nach Lebensgewohnheit

Alle Eulenarten zeigen das typische „Gähnen", bevor sie Gewölle werfen.

Typisch für Schneeulen sind die stark befiederten Füße, die ihnen auch auf pulvrigem Schnee guten Halt bieten.

ihrer Beutetiere, sowohl Tag- als auch Dämmerungs- oder Nachtjäger. Gejagt wird im Gleitflug über kurze Distanzen in der Regel von nicht sehr hohen Ansitzen wie Felsbrocken oder Baumstämmen aus. Wenn sie ihre Beute im Anflug verfehlen, laufen sie dieser hinterher. Da sie beim Laufen die Zehen spreizen, wird durch deren dichte Befiederung das Einsinken selbst bei lockerem Schnee verhindert. Diese Fähigkeit ermöglicht es ihnen, ihre Beute einzuholen. Oft suchen sie auch direkt nach den Bauen der Beutetiere und versuchen, diese dann aus deren Verstecken zu treiben.

Schneeeulen sind außerhalb der Brutzeit nicht sehr wehrhaft. Zwar verteidigen sie ihre Reviere gegenüber Feinden, vermeiden jedoch weitestgehend direkte Konfrontationen. Entgegen den Gewohnheiten anderer Eulen suchen sie in Ruhezeiten keine Deckung. Sie sitzen in der Regel oft stundenlang und ohne sich zu bewegen gut sichtbar auf Hügeln oder Steinen. Lediglich bei zu starker und anhaltender Sonneneinstrahlung suchen sie sich einen Unterschlupf. Dagegen behalten sie bei Regen und Schnee ihren Ruheplatz unter freiem Himmel bei.

Im Grunde ihres Wesens sind Schneeeulen Einzelgänger. Nur während der Balz- und Brutsaison finden sich die Paare zusammen. In diesem Zeitraum sind sie auch äußerst aggressiv, nicht nur gegenüber Beutegreifern, sondern auch gegenüber ihren Artgenossen.
Bis die Reviergrenzen eindeutig festgelegt und von dem jeweiligen Rivalen auch akzeptiert werden, kommt es zu heftigen Kämpfen zwischen den männlichen Tieren, sowohl in der Luft als auch auf dem Boden.
Bei der Nest- und Brutverteidigung bedienen sie sich vielseitiger Strategien. Sie reißen den Schnabel weit auf

und erzeugen drohende Zischlaute. Beeindruckt das den Angreifer noch nicht, stellen sie das Gefieder auf, breiten bedrohlich die Flügel aus und greifen mit Krallen und Schnabelhieben an. Auch direkte Angriffsflüge gehören zur Verteidigungstaktik.

Schneeeulen werden erst mit etwa drei bis vier Jahren geschlechtsreif. Zu Beginn der Balzzeit, mitten im Winter, lockt das Männchen durch Rufen und Scharren das Weibchen an. Sodann versucht es, ihre Aufmerksamkeit durch mehr oder weniger akrobatische Balzflüge auf sich zu lenken. Im weiteren Balzritual legt das Männchen der Auserwählten dann ein Beutetier zu Füßen. Ohne dieses „Brautgeschenk" sind alle Annäherungsversuche zum Scheitern verurteilt. Das weibliche Tier signalisiert seine Paarungsbereitschaft, indem es den engen Körperkontakt zum Männchen sucht. Jetzt kann die Verpaarung erfolgen.

Schneeeulen sind Bodenbrüter und brüten etwa ab Mitte Mai. Im Gegensatz zum Uhu scharrt das weibliche Tier selbst die Erdmulde für die Eiablage. Das Gelege besteht meist aus vier bis sechs Eiern. Diese werden im Abstand von zwei Tagen gelegt und etwa 32 Tage lang bebrütet. Im Alter von etwa sieben Wochen sind die Jungvögel flügge.

Das Federkleid der Jungvögel durchläuft verschiedene Farbphasen. Sind sie zuerst dunkelgrau, ja fast schwarz, jedoch bereits mit weißer Befiederung von Gesicht und Füßen, wechseln sie nach geraumer Zeit ins Jugendgefieder. Dieses ist bei männlichen und weiblichen Tieren identisch weiß mit schwarzer Bänderung. Erst nach vollständiger Ausfiederung zu Beginn der Geschlechtsreife verschwinden beim männlichen Tier die schwarzen Bänder und es wird mit zunehmendem Alter reinweiß.

Allerdings ist es durchaus möglich, das Geschlecht bereits im frühen Stadium – auch ohne Federprobe – zu bestimmen. Das Schwanzgefieder des männlichen Tieres weist drei Querstreifen auf, das des weiblichen Tieres fünf bis sechs.

Das Stimmvolumen der Tiere ist während der Balz- und Brutzeit erheblich, allerdings nicht unangenehm. Außerhalb dieser Zeiten sind sie eher schweigsam.

## ZUR HALTUNG IN DER VOLIERE (bezogen auf ein Tier)

**Volierengröße:** Etwa 18,00 m² (3,00 x 6,00 m), für jedes weitere Tier 3 m² mehr.
Die Tiere sind tagaktiv. Da sie vor allem am Boden leben, reicht eine Volierenhöhe von 2 m aus.
Die Tiere sind völlig winterhart und benötigen nur einen ausreichenden Wind- und Regenschutz.

**Nistplatz:** Die Nestmulde muss vor Wind und Wetter geschützt sein.

**Futtermenge:** Pro Tier und Tag vier bis fünf Eintagsküken.
Während der Brutaufzucht muss die Menge des Futters entsprechend der Anzahl der Jungtiere erhöht werden.

**Sonstiges:** Ruhige, sehr schnell zutraulich werdende Tiere.
A-Vogel (CITES-pflichtig), Ringgröße 24,0

# SIBIRISCHER UHU

*(Bubo bubo sibiricus)*

Neben dem **Riesenfischuhu** ***(Ketupa blakistoni)*** ist der Sibirische Uhu die größte Eule. Er ist im östlichen Russland und in Sibirien beheimatet. Er ist eine Unterart des Europäischen Uhus.
Seine Lebensräume sind offenes Steppenland und lichte Wälder sowie Felslandschaften der Mittel- und Hochgebirge. Als Jagdgebiet bevorzugen die nachtaktiven Tiere schwach bewaldete und offene Landschaften.
Die Jagdmethoden sind vielseitig. Diese Uhus sind sowohl Ansitz- als auch Suchflugjäger. Selbst am Boden sind sie trotz ihrer beeindruckenden Größe sehr schnell und erwischen rennend ihre Beutetiere. Diese sind in der Regel Kleinsäuger und Vögel, aber auch Hasen und dergleichen.
Die weiblichen Tiere können eine Größe von bis zu 85 cm und eine Flügelspannweite von bis zu 170 cm erreichen, die männlichen eine Größe von bis zu 75 cm und eine Flügelspannweite von bis zu 160 cm.
Das Gefieder ist extrem hell. Kopf- und Brustgefieder sowie die Flügelunterseite sind fast silbrig weiß. Die Flügeloberseite und der Rücken weisen Federeinschlüsse von einem hellen bis hin zu einem dunkleren Braun auf. Vom Kehlsack bis hin zum oberen Brustbereich ziehen sich vereinzelt längliche dunkle Federstreifen. An der unteren Hälfte der Vorderseite ist dagegen nur eine ganz zarte, fast flaumweiche, etwas dunklere Querbänderung zu erkennen. Diese setzt sich an der Gefiederunterseite des langen Schwanzes fort.
Die Augen sind orangefarben. Die Beinbefiederung reicht bis zu den starken, gebogenen Krallen.
Der Sibirische Uhu besitzt die Fähigkeit, den Kopf bis zu 270 Grad zu drehen. Äußerst markant sind auch die langen Federohren, die er bei Erregung steil aufstellt.
Er brütet in Felsspalten, auf Felssimsen oder auch am Boden, wo das Männchen mehrere Mulden gräbt. Das Weibchen sucht dann eine davon als Brutplatz aus. Hat sich ein Paar gefunden, hält die Partnerschaft meist lebenslang.
Geschlechtsreif werden die Tiere mit drei bis vier Jahren.
Die Brutzeit fällt in die Monate Februar und März.
Das Gelege besteht aus bis zu sechs Eiern, die im Abstand von zwei Tagen gelegt werden. Bebrütet wird ab dem ersten Ei. Nach 32 bis 35 Tagen schlüpfen die Jungen. Mit etwa drei bis vier Wochen verlassen die Jungtiere erstmals die Nestmulde. Allerdings sind sie zu diesem Zeitpunkt noch nicht in der Lage, sicher zu gehen oder zu klettern.
Während der Brut- und Aufzuchtphase sind beide Elterntiere sehr aggressiv gegenüber jeglichem Eindringling. Die Jungtiere werden bis zu einem Alter von sechs Monaten von den Elterntieren beschützt und versorgt.

## ZUR HALTUNG IN DER VOLIERE (bezogen auf ein Tier)

**Volierengröße:** Etwa 18,00 $m^2$ (3,00 x 6,00 m), Höhe 2,50 m, für jedes weitere Tier 3 $m^2$ mehr.
Die Tiere sind völlig winterhart und benötigen nur einen ausreichenden Wind- und Regenschutz.

**Nistplatz:** Als Bodenbrüter benötigt der Uhu kein besonderes Nistmaterial.

**Futtermenge:** Pro Tier und Tag fünf Eintagsküken.
Während der Brutaufzucht muss die Menge des Futters entsprechend der Anzahl der Jungtiere erhöht werden.

**Sonstiges:** Relativ zutrauliche Tiere. In der Balzzeit kräftiger Ruf.
A-Vogel (CITES-pflichtig), Ringgröße 22,0

# SPERBEREULE

*(Surnia ulula)*

Die Sperbereule ist mit drei Unterarten vertreten: im mittelasiatischen Gebirge ***Surnia ulula tianschanica***, im nördlichen Nordamerika ***Surnia ulula caparoch*** und in der nördlichen paläarktischen Region ***Surnia ulula ulula***.
Das Habitat liegt zwischen Nordpol und nördlichem Wendekreis. Es erstreckt sich vom Norden Norwegens und Schwedens bis zum Tatarischen Sund sowie von Alaska bis Kanada. Dichte und in sich geschlossene Waldgebiete meidet die Sperbereule. Sie fühlt sich wohl im offenen Gelände mit vereinzeltem, alten Baumbestand. Diese Bäume nutzt sie als Ansitzwarten für die Jagd.
Die mittelgroße Eule mit einer Größe von 35 bis 40 cm verdankt ihren Namen der verblüffenden Ähnlichkeit mit dem Sperber. Wie bei ihm ist das Gefieder an der Unterseite quergebändert. Im Vergleich mit anderen Eulen ist bei ihr der Schwanz sehr lang und schmal.
Der Flug der Sperbereule ist ungeheuer schnell und wendig. Der Kopf wirkt relativ klein und erscheint durch die abgeflachte Oberkopfpartie eher kantig. Charakteristisch ist der bei Eulen übliche Gesichtsschleier mit der seitlichen Abgrenzung durch einen dunklen Federkranz. Die Augen leuchten intensiv hellgelb. Der lange, stark gebogene, schmale Schnabel ist an der Wurzel hellgelb und wird zur Schnabelspitze hin fast hellgrau.

Die Sperbereule ist tag- und dämmerungsaktiv. Niemals jagt sie nachts. Beutetiere sind vor allem Wühlmäuse, aber auch Spitzmäuse und Vögel. Sie ist nicht reviertreu. Ist das Nahrungsangebot nicht ausreichend, wandert sie ab.
Die Balz- und Brutsaison liegt in den Monaten März und April. Dabei kann es durchaus möglich sein, dass manche Tiere bereits im Herbst zu balzen beginnen. Die Paare finden sich lediglich für eine Brutperiode zusammen. Dabei lockt das Männchen das Weibchen zum Brutbaum und übergibt ihr Beutegeschenke.
Bevorzugt brüten Sperbereulen in verlassenen Spechthöhlen, gelegentlich aber auch in verlassenen Greifvogelhorsten. Die Gelegegröße richtet sich nach dem Nahrungsangebot. In der Regel legen die Weibchen im Abstand von ein bis zwei Tagen drei bis neun Eier. Bebrütet werden diese 27 bis 31 Tage.
Nach dem Schlupf sind die Küken fast nackt, aber bereits mit etwa 15 Tagen sind sie mit dichtem Flaum befiedert. Im Alter von 20 Tagen verlassen sie die Bruthöhle, klettern in den Ästen herum und unternehmen erste Flugübungen. Noch bis weit in die Herbstmonate hinein versorgt das Männchen die Jungvögel mit Nahrung. Erst dann verlassen die jungen Sperbereulen die Altvögel und suchen sich, oft Hunderte von Kilometern entfernt, ein eigenes Revier.

## ZUR HALTUNG IN DER VOLIERE (bezogen auf ein Tier)

**Volierengröße:** Etwa 12,00 $m^2$ (6,00 x 2,00 m), Höhe 2,50 m, für jedes weitere Tier 3 $m^2$ mehr.
Die Tiere sind völlig winterhart und benötigen nur einen ausreichenden Wind- und Regenschutz.

**Nistplatz:** Ein erhöht angebrachter Nistkasten oder eine überdachte mit Nistmaterial ausgelegte, große Kiste.

**Futtermenge:** Pro Tier und Tag drei Eintagsküken.
Während der Brutaufzucht muss die Menge des Futters entsprechend der Anzahl der Jungtiere erhöht werden.

**Sonstiges:** Diese Tiere baden leidenschaftlich gern.
A-Vogel (CITES-pflichtig), Ringgröße 10,0

# SPERLINGSKAUZ

*(Glaucidium passerinum)*

Weltweit bekannt sind derzeit 31 Arten der zur Gattung *Glaucidium* zählenden kleinen Käuze. Eine Art davon ist der 16 bis 18 cm große **Europäische Sperlingskauz *(Glaucidium passerinum)***.

Angesiedelt ist er von Europa über Skandinavien bis hin zur Mongolei, wobei die in den östlichen Regionen lebenden Tiere etwas größer sind und eine hellere, fahlere Färbung des Gefieders aufweisen als deren westliche Artgenossen. Offiziell ist bisher eine Unterart anerkannt, und zwar ***Glaucidium passerinum orientale***.

Ideale Lebensbedingungen findet der Sperlingskauz in Misch- und vor allem Nadelwäldern mit großen Lichtungen. Er ist vorwiegend tag- und dämmerungsaktiv. Bevorzugte Beutetiere sind kleine bis mittelgroße Säugetiere, Amphibien, Reptilien und Vögel.

Die Geschlechtsreife erreicht der Sperlingskauz bereits im Alter von sechs Monaten. Bevorzugt nistet er in verlassenen Spechthöhlen.

Die Brutzeit liegt, je nach Habitat, in den Monaten Februar bis Mai. Das Weibchen legt bis zu acht Eier, die es ab dem dritten Ei bebrütet. Die Brutzeit beträgt etwa 29 Tage. Nach etwa fünf Wochen verlassen die Nestlinge die Bruthöhle. Ihre vollkommene Unabhängigkeit von den Altvögeln erreichen die Jungvögel dann im Alter von ungefähr zwölf Wochen.

Der Sperlingskauz hat keinen deutlichen Gesichtsschleier und auch keine Federohren.

Der oft erstaunt wirkende Gesichtsausdruck ist typisch für den Sperlingskauz.

## ZUR HALTUNG IN DER VOLIERE (bezogen auf ein Tier)

**Volierengröße:** Etwa 5,00 $m^2$ (2,00 x 2,50 m), Höhe 2,00 m, für jedes weitere Tier 1 $m^2$ mehr.
Die Tiere sind völlig winterhart und benötigen nur einen ausreichenden Wind- und Regenschutz. Ein Innenraum ist nicht erforderlich.

**Nistplatz:** Ein erhöht angebrachter Nistkasten oder ein ausgehöhlter Baumstamm.

**Futtermenge:** Pro Tier und Tag ein Eintagsküken.
Während der Brutaufzucht muss die Menge der Futtertiere entsprechend der Anzahl der Jungtiere erhöht werden.

**Sonstiges:** Nicht unbedingt empfehlenswert für Eulenzucht-Anfänger .
A-Vogel (CITES-pflichtig), Ringgröße 6,0

## BRASILIANISCHER SPERLINGSKAUZ *(Glaucidium brasilianum)*

Eine andere Art der Gattung *Glaucidium* und das Pendant zum Europäischen Sperlingskauz ist der im Süden der neuen Welt beheimatete etwa 14 cm große **Brasilianische Sperlingskauz**, auch **Strichelkauz** genannt. Es sind bisher zehn Unterarten bekannt.

Sein Verbreitungsgebiet erstreckt sich von Arizona und Texas bis Chile. Zu finden ist er in bewaldeten Flusstälern und im Regenwald. Je nach Vegetation lebt er auch im offenen Gelände mit Buschwerk und vereinzelten Bäumen oder in Wüstenregionen, wo die Säulenkakteen die Landschaft bestimmen.

Genau wie seine eurasischen Verwandten ist der Strichelkauz tagaktiv. Er ernährt sich von Kleinsäugern, Vögeln, Eidechsen und großen Insekten. Als Ansitzjäger erbeutet er seine Opfer im Sturzflug, sobald er sie erspäht hat.

Je nach Habitat liegt die Brutzeit zwischen März und Juni. Die Bruthöhle wird in Hohlräumen von Bäumen oder verlassenen Spechthöhlen, in Sandlöchern oder sogar in Termitenhügeln angelegt. Das Gelege besteht aus bis zu fünf Eiern und wird vom Weibchen etwa 27 Tage lang bebrütet. Nach etwa vier Wochen verlassen die Jungvögel das Nest und sind nach weiteren drei Wochen unabhängig von den Altvögeln.

## ZUR HALTUNG IN DER VOLIERE (bezogen auf ein Tier)

**Volierengröße:** 2,00 m² (2,00 x 1,00 m), Höhe 2,00 m, für jedes weitere Tier 1,00 m² mehr.
Die Tiere sind sehr frostempfindlich. Daher ist ein etwa 1,00 m² großer Innenraum erforderlich, in dem immer eine Temperatur von mindestens 15 °C herrscht.

**Nistplatz:** Ein erhöht angebrachter Nistkasten oder ein ausgehöhlter Baumstamm.

**Futtermenge:** Pro Tier und Tag ein Eintagsküken.
Während der Brutaufzucht muss die Menge des Futters entsprechend der Anzahl der Jungtiere erhöht werden.

**Sonstiges:** Nicht unbedingt empfehlenswert für Eulenzucht-Anfänger.
B-Vogel (nicht-CITES-pflichtig), Ringgröße 6,0

# STEINKAUZ

*(Athene noctua)*

Der kleine, nur 20 bis 23 cm große Steinkauz zählt unbestritten zu den bekanntesten und am weitest verbreiteten Vertretern seiner Gattung.

Unzählige Geschichten und Legenden ranken sich um diese Eule (wie schon vorn im Buch berichtet wurde). Im Volksmund wird daher der Steinkauz auch als Käuzlein, Totenvogel, Klagmutter, Kliwitken oder Steineule bezeichnet.

Das riesige Verbreitungsgebiet erstreckt sich von Nordafrika bis zu den Küsten von Nord- und Ostsee und weiter über Eurasien bis hin nach China. Daneben konnte der Steinkauz auch in England und Neuseeland erfolgreich angesiedelt werden. Allerdings fehlt er in den Alpen und in Mittelgebirgen ab einer Höhe von etwa 600 m. In den verschiedenen Landstrichen ist er mit zwölf Unterarten vertreten.

Sein bevorzugter Lebensraum sind die weiten, grünen Landschaften. Wichtig ist dabei das Vorhandensein von Baumgruppen und Hecken. So siedelt er sich besonders gern in Weidengürteln, an kleinen Bachläufen oder in den alten Gehölzen von Streuobstwiesen an. Auch in kleinen Parks, in der Nähe von Dörfern und in Steinbrüchen ist er anzutreffen. Dagegen findet man ihn nicht in dichten, dunklen Wäldern.

Im Aussehen ähneln sich männliche und weibliche Tiere sehr. Der Körper ist gedrungen, der Schwanz kurz und quer gebändert. Die Flügelspannweite beträgt 50 bis 56 cm. Das Gefieder an der Vorderseite ist graubraun, das Rückengefieder und die Flügel haben eine dunklere braune Farbe und sind mit unzähligen weißen Flecken übersät.

Der Steinkauz nahm im antiken Griechenland eine Sonderstellung ein.

Der ausgeprägte Gesichtsschleier und die großen gelben Augen verleihen ihm einen erstaunten bis grimmigen Gesichtsausdruck.

Diese kleinen Steinkäuze müssen noch von den Eltern betreut werden.

Wird seine Aufmerksamkeit oder Neugierde geweckt, beginnt der Steinkauz, den Kopf mit komisch anmutenden Verrenkungen zu drehen und zu wenden. Außerdem wippt er, einem drolligen Knicksen gleich, mit den langen, relativ dünnen Beinen ganz aufgeregt und schnell auf und ab.

Der Steinkauz gilt als außerordentlich standorttreu. Selbst unter widrigen Umständen bleibt er in der Regel seinem angestammten Habitat treu. Obwohl er eigentlich ein Nachtjäger ist, kann er – insbesondere während der Brutpflege – durchaus auch tagsüber sehr aktiv sein. Seine Flugkünste sind nicht unbedingt spektakulär. Daher schlägt er seine Beute nur sporadisch im Flug. Bedeutend geschickter ist er bei der Jagd auf dem Boden. Dabei steht er geduldig auf einer Stelle, bis er einen Käfer, einen Wurm oder anderes kleines Getier erspäht. Blitzschnell läuft, rennt oder hüpft er dann hinter dieser Beute her und schlägt sie. Überhaupt ist er im Bezug auf Beute nicht sehr wählerisch, sondern nimmt, was ihm in die Quere kommt. Dazu gehören Schnecken, Heuschrecken, Nachtfalter und Ohrwürmer, aber auch Mäuse und Maulwürfe.

Steinkäuze leben meist monogam. Hat ein Paar einen guten Platz zum Brüten gefunden, so wird dieser meist jedes Jahr wieder aufgesucht. Die lautstarke Balz beginnt im März oder April. Gebrütet wird Ende April/Anfang Mai. Als Brutplätze werden Baumhöhlen in alten Gehölzen oder Kopfweiden sowie Nischen in Mauern, an Felswänden oder in Steinbrüchen genutzt.

Das Gelege besteht meist aus drei bis sechs Eiern. Bebrütet wird erst nach Ablage des letzten Eies. Die Jungen schlüpfen nach etwa 28 Tagen. Dann tragen sie bereits ein feines, weißes Dunenkleid. Etwa zwei Wochen hält das Weibchen die Jungen warm. In dieser Zeit schafft das Männchen allein das Futter für das Weibchen und die Jungen heran. Nach dieser Zeit sind die Nestlinge bereits so weit, dass sie das Futter selbst zerlegen können. Nun beteiligt sich auch das weibliche Tier an der Futterbeschaffung. Im Alter von vier bis fünf Wochen werden die kleinen Steinkäuze flügge.

## ZUR HALTUNG IN DER VOLIERE (bezogen auf ein Tier)

| | |
|---|---|
| **Volierengröße:** | Etwa 6,00 $m^2$ (2,00 x 3,00 m), für jedes weitere Tier 1 $m^2$ mehr.<br>Die Tiere sind tagaktiv. Da die Tiere vor allem am Boden leben, reicht eine Volierenhöhe von 2 m aus.<br>Die Tiere sind völlig winterhart und benötigen nur einen ausreichenden Wind- und Regenschutz. |
| **Nistplatz:** | Ein erhöht angebrachter Nistkasten. |
| **Futtermenge:** | Pro Tier und Tag ein Eintagsküken.<br>Während der Brutaufzucht muss die Menge des Futters entsprechend der Anzahl der Jungtiere erhöht werden. |
| **Sonstiges:** | In der Balzzeit lauter Ruf.<br>A-Vogel (CITES-pflichtig), Ringgröße 7,0 |

# STREIFEN-OHREULE

*(Asio clamator)*

Früher wurde diese Eule als einzige Art der Gattung ***Rhinoptynx*** zugeordnet. Neueren Erkenntnissen zufolge gehört die Streifen-Ohreule aber zur Gattung ***Asio***, den sogenannten Ohreulen, zu denen auch unsere **Waldohreule** (***Asio otus***, siehe Seite 152 ff.) zählt. Die Streifen-Ohreule wird häufig auch als **Schreieule** bezeichnet. Der Lebensraum der 30 bis 38 cm großen Eule erstreckt sich vom südlichen Mexiko über Südamerika bis Argentinien und Uruguay. Im Amazonasbecken ist sie nicht verbreitet. Die Streifen-Ohreule lebt in Höhen bis zu 1.600 m. Sie bevorzugt Waldgebiete, Waldränder und weites Grasland mit kleinen Baumgruppen und Hecken. Vereinzelt ist sie auch am Rand von Plantagen zu finden, niemals aber im dichten Regenwald. Momentan sind drei verschiedene Unterarten bekannt.

Die Gefiederfarbe variiert von Dunkelbraun über Rostbraun bis hin zu einem hellen Graubraun. Die großen Augen sind von einem weißen Gesichtsschleier umgeben, der außen deutlich schwarz umrandet ist. Als typische Ohreule hat sie natürlich auch stark ausgeprägte Federohren. Die Füße sind bis zu den für die Körpergröße erstaunlich großen und kräftigen Krallen befiedert.

Die Streifen-Ohreule ist vorwiegend nachtaktiv. Tagsüber rastet sie im dichten Laub von Bäumen und Sträuchern. Die mit einer Flügelspannweite von etwa 23 bis 29 cm relativ kurzen, abgerundeten Flügel und der lange Schwanz ermöglichen ihr, auch auf engem Raum sehr schnell und zielgenau zu agieren.

Zu ihren Beutetieren zählen Insekten, kleine Säugetiere, Reptilien und auch Vögel bis etwa Taubengröße. Sie ist sowohl Gleitflug- als auch Ansitzjäger.

Je nach Habitat liegt die Brutzeit zwischen den Monaten August und März. Gebrütet wird auf dem Boden in sehr hohem Gras oder unter dichtem Buschwerk.

Das Gelege besteht in der Regel aus zwei bis vier Eiern und wird 33 Tage lang bebrütet. Allerdings werden meist nur ein bis zwei Jungvögel großgezogen. Während der Balz- und Brutzeit sind die Altvögel überaus aggressiv.

Streifen-Ohreulen sind standorttreu und verbleiben ganzjährig in ihrem etwa 6 bis 8 Quadratkilometer großen Habitat. Außerhalb der Brut- und Aufzuchtzeit, etwa ab Mai, finden sich oft mehrere Tiere zu einer Gruppe zusammen, die dann auch die täglichen Ruhezeiten gemeinsam verbringen.

## ZUR HALTUNG IN DER VOLIERE (bezogen auf ein Tier)

**Volierengröße:** Etwa 15,00 m² (7,50 x 2,00 m), Höhe 2,50 m, für jedes weitere Tier 3 m² mehr.
Außerdem ist ein Innenraum von etwa 2 m² (2,00 x 1,00 m) und einer Höhe von 2,00 m erforderlich, der nicht beheizt, aber frostfrei sein muss.

**Nistplatz:** Die Tiere sind Bodenbrüter, daher ist keine besondere Ausstattung erforderlich.

**Futtermenge:** Pro Tier und Tag zwei Eintagsküken.
Während der Brutaufzucht muss die Menge des Futters entsprechend der Anzahl der Jungtiere erhöht werden.

**Sonstiges:** Sehr ruhige und schnell zutraulich werdende Tiere.
B-Vogel (nicht-CITES-pflichtig), Ringgröße 10,0 bis 12,0

# VIRGINIA-UHU

*(Bubo virginianus)*

In Nord-, Mittel- und Südamerika zählt der Virginia-Uhu zu den größten Eulen und ist dort auch der einzige Vertreter der Gattung *Bubo*. Es sind zurzeit elf Unterarten des Virginia-Uhus offiziell anerkannt, von denen einige hier auch beschrieben werden.
Je nach Unterart und Geschlecht sind die Tiere zwischen 45 und 53 cm groß und 1.000 bis 1.900 g schwer. Die Flügelspannweite beträgt 90 bis 150 cm.

Nachdem sein Verbreitungsgebiet unendlich groß ist, findet man ihn in den nördlichen Wäldern des Landes, in den dichten Laubwäldern Mittelamerikas, an Waldrändern und im Regenwald sowie in den Mangrovenwäldern der Küstengebiete, in den hohen Gebirgszügen der Anden – dort ist er in Höhen von bis zu 3.500 m zu finden – und in weiten Wüstenregionen.

Die Oberseite des Gefieders ist dunkel mit helleren Einschlüssen, die Unterseite ist dunkel gebändert und besitzt in der Mitte einen langgezogenen, weißen Bruststreifen. Die Beine sind bis zu den Krallen hin befiedert.

Markant sind die überaus langen Federohren. Diese erinnern an kleine Hörner. Ihnen verdankt der Uhu seine englische Bezeichnung „Great Horned Owl".
Angepasst an den Lebensraum kann das Gefieder recht unterschiedlich gefärbt sein. Während die Zeichnung fast gleich bleibt, ändert sich dessen Farbe von Gebiet zu Gebiet ganz erheblich.

So unterscheidet man bei dem vom nordöstlichen bis ins südliche Nordamerika lebenden *Bubo virginianus* zwei Farbvarianten: ein grauer Farbton und ein Orangeton, der sich bis hin zum warmen Rotbraun verändert. Auch der

Der Weiße Kanada-Uhu ist eine der helleren Unterarten des Virginia-Uhus.

Beim Schwarzen Kanada-Uhu ist der weiße Kehlstreifen sehr auffällig.

weiße Bruststreifen ist einmal ganz stark ausgeprägt und dann wieder nur angedeutet zu sehen.
Noch weitaus deutlicher ist jedoch die farbliche Veränderung des Gefieders bei den verschiedenen Unterarten, beginnend im hohen Norden bis hin zum tiefsten Süden des Kontinents.

Zu den in den nördlichen Regionen des Kontinents angesiedelten Unterarten gehört der sogenannte **Weiße Kanada-Uhu** ***(Bubo virginianus subarcticus)*** ein wunderschönes Tier mit weiß-hellgrauem Gefieder. Die fein gezeichnete, dunkelgraue seitliche Abgrenzung des reinweißen Gesichtsschleiers, die großen, gelben Augen mit schwarzen Pupillen und der kräftige graue Schnabel wirken wie ein kunstvolles Gemälde. Beeindruckend ist auch der weiße Kehlstreifen, der insbesondere beim Rufen ganz imponierend hervortritt.

Ein weiterer ebenso faszinierender Bewohner des Nordens, dessen Verbreitungsgebiet jedoch in einem Küstenstreifen von Südost-Alaska bis Nord-Kalifornien reicht, ist der ***Bubo virginianus saturatus***. Im Gegensatz zu dem oben beschriebenen Kanada-Uhu ist er fast schwarz gefärbt, daher wird er häufig auch **Schwarzer Kanada-Uhu** genannt.
Gemeinsamkeiten sind die ebenfalls großen gelben Augen mit den schwarzen Pupillen, der kräftige Schnabel – der bei ihm allerdings schwarz ist – und der auffällige weiße Kehlstreifen.

Eine weitere Unterart – ein absoluter Traum eines jeden Eulenfreunds – lebt in Südamerika, und zwar in Kolumbien, Ecuador Peru und Uruguay mit dem Namen ***Bubo virginianus nigrescens***. Sein ebenfalls schwarzes (daher der wissenschaftliche Name *nigrescens*) Gefieder zeigt allerdings, im Gegensatz zum nördlichen Pendant, rehbraune Federeinschlüsse. Auch ist bei ihm der Gesichtsschleier nicht schwarzgrau, sondern rehbraun. Ebenso die langen Federohren weisen bei ihm, im Gegensatz zu den rein schwarzen Federohren des *Bubo virginianus saturatus*, rehbraune Einschlüsse auf. Gleich sind wieder die Farbe der Augen und der weiße Kehlstreifen.

Dieser junge *Bubo virginianus nigrescens* ist an dem rehbraunen Gesichtsschleier zu erkennen.

Genau wie im Norden Amerikas finden wir auch in den südlichen Staaten wie Arizona, Mexiko, Texas und in Teilregionen Kaliforniens das „weiße" Gegenstück zum schwarzen Virginia-Uhu, und zwar den ***Bubo virginianus melanocercus*** – ein ebenfalls absolut beeindruckender Vertreter dieser Uhu-Art.

Virginia-Uhus haben besonders hoch entwickelte Sinne. Ihr Gehör ist außerordentlich empfindlich. Auch der Gesichtssinn ist sehr gut ausgebildet. Die Tiere können bei Tageslicht ebenso scharf sehen wie in fast völliger Dunkelheit. Außerdem sind sie hervorragende und ausdauernde Beutefänger und Flieger.
Sie gehören zu den Ansitzjägern. Ihre Beute schlagen sie sowohl im Sturz- oder Gleitflug als auch – sofern erforderlich – auf dem Boden gehend oder im Wasser.

Dieser Jungvogel gehört zu der Unterart *Bubo virginianus saturatus.*

Zu den Beutetieren gehören Säugetiere wie Ratten, Mäuse und Eichhörnchen, aber auch Vögel, Fische, Amphibien und sogar andere Eulen. Virginia-Uhus sind in der Lage, Beutetiere von bis zu 5 kg Gewicht zu schlagen. Daher stehen auf ihrem Speiseplan auch Kaninchen, Skunks und kleine Alligatoren. In manchen Fällen jagen sie auch – sehr zum Leidwesen der Bauern – Hausgeflügel sowie Hauskatzen.

Geschlechtsreif werden Virginia-Uhus mit etwa zwei Jahren. Sie finden nur in der Paarungs- und Brutzeit zusammen und leben in der übrigen Zeit allein. Jedoch teilen sich beide Geschlechter oft über viele Jahre friedlich einen Lebensraum.

Die Balz- und Paarungszeit beginnt in den Monaten Januar/Februar. Wie viele Eulenvögel bauen auch Virginia-Uhus keine eigenen Nester, sondern übernehmen verlassene Horste von anderen Greifvögeln.

Das Gelege besteht meistens aus zwei bis vier Eiern und wird ab März/April 28 bis 35 Tage lang bebrütet.
Nach etwa sechs bis sieben Wochen verlassen die Nestlinge den Horst. Zu diesem Zeitpunkt sind sie jedoch noch nicht flugfähig, sondern klettern in den Zweigen herum. Flügge werden sie mit etwa neun bis zehn Wochen. In den ersten Wochen versorgt das Männchen allein die Brut mit Futter. Später jagen beide Elternteile. Die Jungvögel werden von den Elterntieren noch über viele Monate hinweg versorgt.

Sowohl in der Brut- als auch in der Aufzuchtzeit sind beide Altvögel äußerst aggressiv und kümmern sich intensiv um ihre Nachzuchten. Vermeintliche und potenzielle Feinde werden schnell und ohne Vorwarnung von beiden Elternteilen attackiert.

Für die Jungvögel ist die lange Betreuungszeit sehr wichtig. In diesen Monaten erhalten sie Gelegenheit, die nötigen Fähigkeiten zum Jagen zu erlernen. Diese umfangreiche „Lernzeit" und die dabei erworbene Geschicklichkeit zum Schlagen der Beute sichern das Überleben in den folgenden Jahren.

Virginia-Uhus brauchen eine große Voliere und je nach Herkunftsgebiet auch einen geschützten Innenraum.

## ZUR HALTUNG IN DER VOLIERE (bezogen auf ein Tier)

**Volierengröße:** Etwa 18,00 m² (6,00 x 3,00 m), Höhe 2,50 m, für jedes weitere Tier 3 m² mehr.
Je nach Herkunft der Tiere ist auch ein geschützter Innenraum erforderlich.

**Nistplatz:** Eine erhöht angebrachte geschützte und überdachte große Kiste mit Nistmaterial ausgelegt. Alternativ sollte man eine Nistmöglichkeit am Boden schaffen, indem man zum Beispiel eine Ecke mit Naturbalken abgrenzt und mit lockerer Erde oder Holzgranulat füllt.

**Futtermenge:** Pro Tier und Tag drei bis vier Eintagsküken.
Während der Brutaufzucht muss die Menge des Futters entsprechend der Anzahl der Jungtiere erhöht werden.

**Sonstiges:** Ruhig und relativ zutraulich werdende Tiere. In der Brutzeit ist aber vor allem die Unterart *Bubo virginianus subarcticus* äußerst aggressiv.
B-Vogel (nicht-CITES-pflichtig), Ringgröße 20,0

# WALDKAUZ

*(Strix aluco)*

Der Waldkauz ist die wohl häufigste und am weitesten verbreitete Eulenart in Europa. Er kommt aber auch im Himalaja über Birma bis China sowie im Nordwesten Afrikas vor.
Bezüglich seines Habitats ist der Waldkauz überaus anpassungsfähig. Sein eigentlicher Lebensraum ist der Laubwald. In den Bergregionen ist er bis in eine Höhe von etwa 3.000 m zu finden. Häufig trifft man ihn auch in Nadelwäldern an. Nicht selten siedelt er sich aber auch in der Nähe von Dörfern und Städten an. Momentan sind zehn verschiedene Unterarten bekannt.

Der Waldkauz wird etwa 35 bis 47 cm groß und erreicht ein Gewicht von 400 bis 800 g. Seine Gestalt ist eher gedrungen. Die Flügelspannweite beträgt durchschnittlich 96 cm. Der runde Kopf kann bis zu 270 Grad gedreht werden und weist keine Federohren auf.

Die Gefiederfarbe bei den mitteleuropäischen Tieren variiert stark. Während das Gefieder der nördlicher angesiedelten Tiere ein kräftiges Rostbraun aufzeigt, sind die in unseren Breiten lebenden Tiere eher gräulich bis graubraun befiedert.

Obwohl er eigentlich als streng nachtaktiv gilt, schlägt der Waldkauz in Ausnahmefällen und insbesondere während der Brutpflege durchaus auch tagsüber seine Beute. In der Regel beginnt er jedoch, bei eintretender Dämmerung im fast lautlosen Suchflug mit seiner Beutejagd.

Mäuse und kleinere Vögel zählen zu den bevorzugten Beutetieren. Aber auch Ratten, Maulwürfe, Frösche, Fische, Käfer und Regenwürmer stehen auf seinem Speiseplan.

Waldkäuze bleiben ein Leben lang mit ihrem Partner zusammen.

Bei diesem jungen Waldkauz ist der Federwechsel noch nicht völlig abgeschlossen.

Sein Ruf ist kräftig, aber sehr angenehm, ja fast schon melodisch zu nennen und ganzjährig zu hören. Im Herbst nimmt der Ruf an Lautstärke zu, ab Dezember lässt er wieder etwas nach, um dann ab Januar, zu Beginn der Balzzeit, den Höhepunkt der Rufaktivitäten zu erreichen. Hat sich ein Paar gefunden, so bleiben die beiden Tiere in lebenslanger Gemeinschaft verbunden.

Der Waldkauz ist ein ausgesprochener Standvogel und verbleibt das ganze Jahr in seinem Revier. Für das Brutgeschäft sucht sich er sich Baumhöhlen. Oft brütet er auch in verlassenen Nestern von größeren Vögeln wie zum Beispiel Elstern und Krähen. Gelegentlich kehrt er zum Vorjahresplatz zurück. Auch Brutkästen nimmt er gern an.

Die Eiablage erfolgt in der Regel in den Monaten März/April. Das Gelege besteht meist aus zwei bis sechs weißen, fast vollständig runden Eiern. Diese werden etwa 30 Tage lang bebrütet.

Das brütende Weibchen und später auch die Jungen werden ausschließlich vom Männchen mit Nahrung versorgt. Gelege und Brut verteidigen die Altvögel sehr aggressiv gegen alles, was feindlich erscheint.

Nach dem Schlupf werden die jungen Waldkäuze zwar noch bis zu drei Wochen gehudert, verlassen jedoch bereits nach ungefähr einem Monat die Bruthöhle. Zu diesem Zeitpunkt sind sie noch vollkommen flugunfähig. Flügge sind sie dann im Alter von etwa fünf bis sechs Wochen. Im Alter von zwei bis drei Monaten müssen sie dann aber die Obhut der Eltern verlassen und sich ein eigenes Revier suchen.

## ZUR HALTUNG IN DER VOLIERE (bezogen auf ein Tier)

**Volierengröße:** Etwa 15,00 m² (7,50 x 2,00 m), Höhe 2,50 m, für jedes weitere Tier 3 m² mehr.
Die Tiere sind völlig winterhart und benötigen nur einen ausreichenden Wind- und Regenschutz.

**Nistplatz:** Ein erhöht angebrachter Baumstamm oder eine Kiste mit Nistmulde.

**Futtermenge:** Pro Tier und Tag zwei Eintagsküken.
Während der Brutaufzucht muss die Menge des Futters entsprechend der Anzahl der Jungtiere erhöht werden.

**Sonstiges:** Sehr ruhige und schnell zutraulich werdende Tiere mit einem äußerst ansprechenden Ruf.
A-Vogel (CITES-pflichtig), Ringgröße 12,0

# WALDOHREULE

*(Asio otus)*

Wie der Waldkauz zählt auch die Waldohreule zu den in Europa am häufigsten vorkommenden Eulenarten. Allerdings ist sie mit einer Größe von 30 bis 40 cm und einem Gewicht von etwa 250 bis 350 g auch erheblich kleiner, leichter und auch deutlich schlanker als der Waldkauz. Auffallend groß ist die Ähnlichkeit mit der, allerdings wesentlich kompakteren, **Sumpfohreule *(Asio flammeus)***, die ja zur selben Gattung gehört (siehe Kasten).

Die Waldohreule kommt in weiten Teilen Europas, Asiens und Nordamerikas vor und ist mit drei Unterarten vertreten. Bevorzugter Lebensraum dieser standorttreuen Eulenart sind lichte Laub- und Mischwälder, Moore und Auwälder aus Weiden und Pappeln, aber auch Gebüsche, Baumgruppen und vereinzelt Parkanlagen. Selbst in Gebirgen ist sie bis zu einer Höhe von 2500 m gelegentlich anzutreffen.
Voraussetzung für den geeigneten Lebensraum sind in erster Linie offenes Gelände mit sehr niedrigem Pflanzenbewuchs und weite Freiflächen zur ungehinderten Jagd nach Beutetieren. Dies sind in der freien Natur hauptsächlich Wühlmäuse. Auf dem Speiseplan stehen aber auch kleine Vögel, Maikäfer und andere Insekten. Gejagt wird sowohl im geräuschlosen Suchflug knapp über dem Boden als auch vom Ansitz aus. Insekten werden direkt vom Boden aufgelesen.

Der sehr markante Gesichtsschleier wird unterteilt von einer bis hin zum Schnabel gezogenen sehr auffälligen Stirnbefiederung. Er dient der Waldohreule vorwiegend zur Verstärkung des Gehörs und als Orientierungshilfe. Die langen und deutlich nach oben abstehenden Federohren sind dagegen für das Hörvermögen völlig ohne Bedeutung.

Durch die Färbung und die Körperform ist die Waldohreule in ihrem natürlichen Lebensraum perfekt getarnt.

Das hellbraune bis ockergelbe Gefieder mit den unregelmäßigen schwarzen Strichelungen und Flecken ermöglicht durch sein rindenartiges Aussehen eine nahezu perfekte Tarnung während der Ruhezeiten.
Tagsüber hält sich die Waldohreule auf ihrem „Schlafbaum" am Waldrand auf, wobei sie gerade und starr auf einem Ast sitzt und dank ihrer Färbung wie ein abgebrochener Zweig wirkt. Sie bevorzugt Nadelbäume, die ihr sichere Deckung bieten.
Mit Einbruch der Dämmerung wird sie aktiv. Vor Beginn der Jagd betreibt sie jedoch intensive Gefiederpflege. Bis zur Morgendämmerung verbringt sie dann – unterbrochen von einer längeren Pause – etwa sechs bis sieben Stunden mit dem Beutefang. Tagsüber jagt sie nur gezwungenermaßen, wenn zum Beispiel das Futter knapp ist.

Waldohreulen werden schon mit Vollendung des ersten Lebensjahres geschlechtsreif. Bereits sehr früh im Jahr setzt die Balzzeit ein. Durch intensives Rufen und mit auffälligen Imponierflügen lockt das Männchen das Weibchen in sein Revier.

Die Brutzeit in Europa beginnt im März bis Anfang April. Gebrütet wird vorzugsweise in verlassenen Nestern von Greifvögeln und Krähen. Meistens besteht das Gelege aus vier bis sechs Eiern. Bebrütet wird ab dem ersten Ei bei einem Legeabstand von zwei Tagen. Die Brutzeit beträgt 28 Tage. Selten und dann auch nur für ganz kurze Zeit verlässt das Weibchen das Gelege und später die Jungtiere. Diese werden in den ersten Tagen äußerst intensiv gehudert.
Für die Beschaffung der Nahrung ist in dieser Zeit allein das Männchen zuständig. Etwa zwei Wochen nach Schlupf hält sich das Weibchen dann in unmittelbarer Nähe des Nestes auf oder sitzt am Nestrand. Der Schutz und die Verteidigung der Jungtiere werden von beiden Altvögeln übernommen.

Sobald die Jungen das Nest verlassen, beteiligt sich auch das Weibchen wieder an der Futtersuche. Ab etwa der neunten Woche sind die Jungeulen bereits in der Lage, eine Maus zu schlagen, jedoch werden sie noch bis hin zur elften oder zwölften Woche von den Alttieren versorgt.

## ZUR HALTUNG IN DER VOLIERE (bezogen auf ein Tier)

**Volierengröße:** Etwa 15,00 m² (7,50 x 2,00 m), Höhe 2,50 m, für jedes weitere Tier 3 m² mehr.
Die Tiere sind völlig winterhart und benötigen nur einen ausreichenden Wind- und Regenschutz.

**Nistplatz:** Eine erhöht angebrachte Kiste oder ein Korb.

**Futtermenge:** Pro Tier und Tag zwei Eintagsküken.
Während der Brutaufzucht muss die Menge des Futters entsprechend der Anzahl der Jungtiere erhöht werden.

**Sonstiges:** Ruhige Tiere, die bei entsprechendem Platzangebot auch gut als Schwarmvögel gehalten werden können.
Sehr vorteilhaft ist die Bepflanzung der Voliere mit Nadelgehölzen.
A-Vogel (CITES-pflichtig), Ringgröße 10,0

Waldohreulen sind sehr friedliche Tiere, die wenig Aggression zeigen. So finden sie sich in den Wintermonaten auch häufig zu Schlafgemeinschaften zusammen. Auch nahe beieinanderliegende Brutplätze werden ohne jegliche Revierkämpfe toleriert, solange für alle Tiere ausreichend Nahrung vorhanden ist.

## SUMPFOHREULE *(Asio flammeus)*

Die Sumpfohreule ist mit der Waldohreule nahe verwandt und ist eine der am seltensten in unseren Breiten vorkommende Eulenart. Sie gehört außerdem zu den Eulenarten, die in wärmeren Gebieten überwintern. So brütet die Sumpfohreule in Nord- und Südamerika, in Nord- und Mitteleuropa sowie in Asien, verbringt aber den Winter in Südeuropa, Südasien und Afrika. Da sie aufgrund ihrer Lebensweise an Moorgebiete und baumlose Feuchtgebiete angepasst ist, gehört sie zu den stark gefährdeten Vogelarten, da die geeigneten Lebensräume immer mehr verschwinden. Es sind momentan zehn Unterarten der Sumpfohreule bekannt.

Die Tiere werden 33 bis 43 cm groß, erreichen ein Gewicht von 280 bis 550 g und haben eine Flügelspannweite von 95 bis 110 cm. Im Gegensatz zur Waldohreule, die vor allem nachts aktiv ist, jagt die einzelgängerische Sumpfohreule am Tag und in der Dämmerung. Im niedrigen Suchflug geht sie auf die Jagd. Wühlmäuse sind ihre Hauptnahrung.

Die Balzzeit beginnt im April. Die Männchen ziehen dann mit imponierenden Sturzflügen und einem typischen Ruf die Aufmerksamkeit der Weibchen auf sich. In eine mit trockenem Pflanzenmaterial ausgelegte Bodenmulde werden vier bis zehn Eier gelegt. Die Brutzeit beträgt 26 Tage und beginnt schon mit der ersten Eiablage. Mit etwa fünf Wochen sind die Kleinen flugfähig.

Die Haltungsbedingungen entsprechen denen der Waldohreule, allerdings benötigt die Sumpfohreule genügend Deckung auf dem Boden, da sie sich dort die meiste Zeit aufhält.

# WOODFORDKAUZ

*(Strix woodfordii)*

Wie die südamerikanischen Arten **Sprenkelkauz, Zebrakauz, Rötelkauz** und **Bindenhalskauz** gehörte auch der in Afrika beheimatete Woodfordkauz noch bis vor nicht allzu langer Zeit der Gattung ***Ciccaba*** an. Erst vor Kurzem wurde dies geändert und die Tiere wurden der Gattung ***Strix*** zugeordnet.

Der Woodfordkauz wird auch **Afrika-Waldkauz** genannt. Er wird 30 bis 34 cm groß und ist wohl die am weitesten verbreitete Eulenart in den südlich der Sahara liegenden Waldgebieten. Zudem ist er der einzige Vertreter der Eulengattung *Strix*, die im südlichen Afrika vorkommt. Zurzeit sind drei Unterarten bekannt.

Der Lebensraum des Woodfordkauzes sind lichte Wälder, Waldränder und dichtes Buschwerk entlang von Flüssen oder Seen. In jüngster Zeit konnte man auch beobachten, wie sich diese Eulen in Stadtnähe ansiedelten.

Die Gefiederfarbe variiert, je nach Lebensraum, von einem auffälligen Rotbraun der Regenwaldbewohner bis hin zu einem tiefen Dunkelbraun der Hochlandtiere. Diese haben auch sehr viel stärker befiederte Zehen.
Der Kopf ist rund und ohne Federohren. Das Gesicht wird völlig von den großen, dunklen, rot umrandeten Augen und den weißen Augenbrauen beherrscht. Durch die herzförmige Gefiederfärbung, die großen, sehr eng liegenden Augen und den deutlich erkennbaren, gelborangefarbenen Schnabel hat diese Eule einen unverkennbaren Gesichtsausdruck.
Das Rückengefieder ist übersäht mit kleineren und größeren weißen Punkten. Die helle Vorderseite weist eine auffällige weiße Querbänderung auf.

Auch wenn man sich dem Woodfordkauz nähert, ist er nicht aus der Ruhe zu bringen.

Bald ist der Jungvogel (rechts) nicht mehr von dem Altvogel zu unterscheiden.

Die Geschlechter sind vom äußeren Erscheinungsbild her nicht zu unterscheiden. Auch Jungvögel haben ab einem Alter von etwa sechs Monaten dieselbe Farbe und Zeichnung wie die Altvögel.

Der vorwiegend nachtaktive Kauz ernährt sich hauptsächlich von Insekten und Raupen, aber auch von Mäusen, Kleinvögeln und Fröschen. Den Tag verbringt er meist reglos auf Ästen sitzend. Gegenüber anderen Tieren zeigt er kaum Aggressionen und lässt sich auch während seiner Ruhephasen nur sehr selten stören.

Für seinen Ruf gibt es diverse Beschreibungen. So wird zum Beispiel oft behauptet, es klänge wie „Who are you".

Geschlechtsreif wird der Woodfordkauz mit einem Jahr. Die Brutzeit liegt in den Monaten Juli bis Oktober. Zum Brüten nutzt er Baumhöhlen oder die verlassenen Nester von Raubvögeln. Es kann aber auch vorkommen, dass er direkt auf der Erde brütet.

Das Gelege besteht aus einem bis zu drei Eiern und wird 30 Tage bebrütet. Die Nestlingszeit der Jungen dauert etwa 35 Tage. Während der Brut- und Aufzuchtzeit sind beide Altvögel sehr aggressiv und verteidigen vehement Nest und Jungvögel.

Im Alter von etwa fünf Monaten sind die Jungvögel voll ausgefiedert und flügge.

## ZUR HALTUNG IN DER VOLIERE (bezogen auf ein Tier)

**Volierengröße:** Etwa 15,00 m² (7,50 x 2,00 m), Höhe 2,50 m, für jedes weitere Tier 3 m² mehr.
Außerdem ist ein Innenraum von 2 m² (2,00 x 1,00 m) mit einer Höhe von 2,00 m erforderlich, der nicht beheizt, aber frostfrei sein muss.

**Nistplatz:** Ein erhöht angebrachter, ausgehöhlter Baumstamm mit Nistmulde reicht aus.
Weiteres Nistmaterial ist nicht nötig.
Manche Tiere brüten auch direkt auf dem Boden.

**Futtermenge:** Pro Tier und Tag ein bis zwei Eintagsküken.
Während der Brutaufzucht wird die Menge des Futters entsprechend der Anzahl der Jungtiere erhöht.

**Sonstiges:** B-Vogel / Ringgröße 10,0

# WÜSTENUHU

*(Bubo ascalaphus)*

Der Wüstenuhu wird oft auch **Pharaonenuhu** genannt. Mit einer Größe von etwa 45 bis 50 cm, einem Gewicht von höchsten 2.350 g und den auffallend schwächeren Krallen unterscheidet er sich deutlich von den anderen Uhu-Arten. Man nimmt an, dass es eine Unterart gibt. Auch der Ruf des Pharaonenuhus weicht in Art und Lautstärke unverkennbar von der Tonart und Lautstärke anderer Uhu-Arten ab.

Seine Heimat ist das nördliche und westliche Afrika. Er kommt hauptsächlich in Syrien, im Gebiet der Sahara, im Libanon, in Israel, im Irak und auf der arabischen Halbinsel vor. Er lebt in Halbwüsten, im offenen Bergwaldgebiet, in Gebirgsschluchten und an felsigen Berghängen.

Das hellbraune bis ockerfarbene Gefieder ist an der Vorderseite wellenförmig von dunkleren Federn durchzogen. Das Rückengefieder ist dunkel gesprenkelt. Der nicht übermäßig auffällige Gesichtsschleier wird seitlich von einem feinen, dunklen Federkranz eingerahmt. Die Federohren sind nicht sehr groß. Auffallend dagegen sind die großen, orangefarbenen Augen.

Seine Hauptnahrung sind Säugetiere und Vögel. Aber auch Skorpione und Reptilien stehen auf dem Speiseplan.

Die Zuchtreife erreicht der Pharaonenuhu mit zwei Jahren. Gebrütet wird direkt auf dem Boden oder in Felsspalten. Meist besteht das Gelege aus zwei, in seltenen Fällen auch aus drei bis vier Eiern. Der Legeabstand beträgt zwei bis vier Tage. Bebrütet wird, ab dem ersten Ei, etwa 36 Tage lang. In dieser Zeit wird das Weibchen vom Männchen mit Nahrung versorgt.

Etwa sieben Wochen nach dem Schlupf verlassen die Jungvögel das Nest, werden jedoch weiterhin bis etwa zur zehnten Woche vollständig von den Altvögeln versorgt. Selbständig und völlig unabhängig von den Altvögeln werden sie dann erst im Alter von sechs bis sieben Monaten.

Das vordere Tier auf dem Foto ist ein Kaukasischer Uhu.

## ZUR HALTUNG IN DER VOLIERE (bezogen auf ein Tier)

**Volierengröße:** Etwa 18,00 m² (3,00 x 6,00 m), Höhe 2,50 m, für jedes weitere Tier 3 m² mehr.
Für die kalten Wintermonate ist eine Innenvoliere empfehlenswert. Diese muss nicht beheizt, jedoch möglichst frost- und zugfrei sein.

**Nistplatz:** Die Tiere sind Bodenbrüter, daher ist keine besondere Ausstattung erforderlich.

**Futtermenge:** Pro Tier und Tag vier Eintagsküken.
Während der Brutaufzucht muss die Menge des Futters entsprechend der Anzahl der Jungtiere erhöht werden.

**Sonstiges:** Sehr ruhige und schnell zutraulich werdende Tiere.
B-Vogel (nicht-CITES-pflichtig), Ringgröße 20,0

# ZWERGOHREULE

*(Otus scops)*

Mit einer Größe von 16 bis 19 cm zählt die Zwergohreule zu den kleinsten in Europa lebenden Eulenarten. Sie erreicht ein Gewicht von nur 80 bis 90 g und hat eine Flügelspannweite von etwa 60 cm. Die nördlichste Grenze ihres Verbreitungsgebietes verläuft durch Mitteleuropa. Allerdings nehmen die Bestände dieser Eulenart dramatisch ab, nachdem ihr natürlicher Lebensraum immer mehr eingeengt und zerstört wird.

Nicht immer sind die Federohren dieser kleine Eulenart zu sehen.

Bis auf wenige, in den südlichen Regionen angesiedelte Zwergohreulen sind diese Tiere Zugvögel. Etwa ab September beginnen sie mit der Abwanderung aus ihren angestammten Habitaten, um – je nach Witterung – im März oder April wieder zurückzukehren. Die Wintermonate verbringen sie in der Regel in den Gebieten südlich der Sahara.
In den nördlichen Regionen lebt die Zwergohreule in hellen Eichenwäldern oder in den sonnigen Weinanbaugebieten. Im Süden nutzt sie Oliven- und Pinienhaine als Lebensraum. Sind diese natürlichen Habitate nicht ausreichend vorhanden, weicht sie auch in Park- oder Friedhofsanlagen aus. Momentan sind fünf Unterarten bekannt.

Das graue bis mittelbraune Gefieder der Zwergohreule wirkt, mit den oberseits hellen und unterseits schwarzen, vereinzelten Federeinschlüssen, wie Borke. Die Augenfarbe variiert von Hellgelb bis Gelborange.

Erst mit Beginn der Dämmerung werden die absolut nachtaktiven Tiere munter. Bei Tagesanbruch suchen sie dann wieder ihren gut getarnten Schlafbaum auf und verbringen dort den Tag weitestgehend reglos. Hin und wieder unterbrechen sie ihre Ruhephasen, um sich zu putzen.

Zwergohreulen behalten eher Abstand und pflegen nur selten engen Körperkontakt.

Fühlt sich die Zwergohreule bedroht, so macht sie sich lang und schlank. In dieser Position wirkt sie wie erstarrt und lässt eventuelle Feinde relativ nahe an sich herankommen. Erst im letzten Augenblick ergreift sie die Flucht. Sieht sie keine Fluchtmöglichkeit, kann sie durchaus aggressiv reagieren und attackiert Angreifer mit Krallen- und Schnabelhieben.

Potenzielle Beutetiere wie Grillen, Käfer und Heuschrecken, aber auch Regenwürmer und Asseln schlägt die Zwergohreule, indem sie – von einem relativ niederen Ansitz aus – auf sie herabstößt, sobald sie diese erspäht hat. Dagegen betreibt sie die Jagd aus dem Flug eher selten.

Bereits im Alter von etwa zehn Monaten erreichen Zwergohreulen die Geschlechtsreife. Die Paare leben nur für eine Saison monogam zusammen, wobei sie selbst in dieser Phase nur ganz selten engen Körperkontakt pflegen oder sich in demselben Schlafbaum aufhalten. Allerdings hält das Männchen immer Sichtkontakt zur Bruthöhle.

Das Territorium wird von beiden Tieren gegenüber Eindringlingen vehement verteidigt. Allerdings reagiert das Weibchen weitaus aggressiver als das Männchen.

Zwergohreulen brüten in Baumhöhlen oder halboffenen Felsnischen. Ganz selten in Krähennestern. Sie bauen keine Nester, sondern übernehmen diese von den „Vorbrütern" oder scharren lediglich eine kleine Mulde für das Gelege. Die Eiablage erfolgt in den Monaten April/Mai. Das Weibchen legt bis zu vier Eier, die sie etwa 24 Tage lang bebrütet. Nach dem Schlupf versorgen beide Altvögel die Küken mit Futter.

Bereits mit etwa sechs Wochen sind die Jungvögel in der Lage, selbst Beutetiere zu schlagen. Trotzdem werden sie von den Altvögeln noch ungefähr weitere drei Wochen versorgt. Erst dann verlassen sie die Elterntiere und auch das Revier.

## ZUR HALTUNG IN DER VOLIERE (bezogen auf ein Tier)

**Volierengröße:** Etwa 5,00 m$^2$ (2,00 x 2,50 m), Höhe 2,00 m, für jedes weitere Tier 1 m$^2$ mehr. Außerdem ist ein 1 m$^2$ großer frostfreier Innenraum erforderlich.
**Nistplatz:** Ein erhöht angebrachter Nistkasten oder ausgehöhlter Baumstamm.
**Futtermenge:** Pro Tier und Tag ein Eintagsküken. Während der Brutaufzucht muss die Menge des Futters entsprechend der Anzahl der Jungtiere erhöht werden.
**Sonstiges:** A-Vogel (CITES-pflichtig), Ringgröße 6,5

# ARTENLISTE

Die im Buch erwähnten Arten in alphabetischer Reihenfolge des wissenschaftlichen Namens

| Wissenschaftlicher Name | Deutscher Name | Synonym | Unterart |
|---|---|---|---|
| *Aegolius funereus* | Raufußkauz | | *Aegolius funereus richardsoni* |
| *Asio clamator*, früher *Rhinoptynx clamator* | Streifen-Ohreule | Schreieule | |
| *Asio flammeus* | Sumpfohreule | | |
| *Asio otus* | Waldohreule | | |
| *Athene brama* | Brahmakauz | | |
| *Athene cunicularia*, früher *Speotyto cunicularia* | Kaninchenkauz | Kanincheneule | |
| *Athene noctua* | Steinkauz | | |
| *Bubo africanus* | Fleckenuhu | | *Bubo africanus africanus*<br>*Bubo africanus tanae*<br>*Bubo africanus milesi* |
| *Bubo ascalaphus* | Wüstenuhu | Pharaonenuhu | |
| *Bubo bengalensis* | Bengalenuhu | Indischer Uhu | |
| *Bubo bubo* | Europäischer Uhu | | |
| | Sibirischer Uhu | | *Bubo bubo sibiricus* |
| *Bubo capensis* | Kap-Uhu | | *Bubo capensis dillonii*<br>*Bubo capensis capensis*<br>*Bubo capensis mackinderi* |
| *Bubo cinerascens* | Wellenuhu | | |
| *Bubo lacteus* | Blassuhu | Milchuhu | |
| *Bubo scandiaca* | Schneeeule | | |
| *Bubo virginianus* | Virginia-Uhu | Amerikanischer Uhu | *Bubo virginianus nigrescens*<br>*Bubo virginianus melanocercus* |
| | Schwarzer Kanada-Uhu | | *Bubo virginianus saturatus* |
| | Weißer Kanada-Uhu | | *Bubo virginianus subarcticus* |
| *Glaucidium brasilianum* | Brasilianischer Sperlingskauz | Strichelkauz | |
| *Glaucidium passerinum* | Europäischer Sperlingskauz | | |
| *Glaucidium perlatum* | Perlkauz | Perl-Sperlingskauz | |
| *Ketupa blakistoni* | Riesenfischuhu | | |

| Wissenschaftlicher Name | Deutscher Name | Synonym | Unterart |
|---|---|---|---|
| *Megascops choliba,* früher *Otus choliba* | Cholibaeule | Choliba-Kreischeule | |
| *Megascops kennicotti* | Kennicotti-Eule | Kanadische Zwergohreule<br>West-Kreischeule | |
| *Ninox connisvens* | Kläfferkauz | | |
| *Ninox novaeseelandiae* | Kuckuckskauz | Neuseeland-Kuckuckskauz | |
| *Ninox rufa* | Rostkauz | Roter Buschkauz | |
| *Ninox strenua* | Riesenkauz | | |
| *Otus bakkamoena* | Hindu-Halsbandeule | Halsring-Zwergohreule | |
| *Otus scops* | Zwergohreule | | |
| *Phodilus badius* | Maskeneule | | |
| *Ptilopsis leucotis,* früher *Otus leucotis* | (Nord-) Büscheleule | Weißgesichtseule | |
| *Ptilopsis granti,* früher *Otus granti,* | (Süd-) Büscheleule | Weißgesichtseule | |
| *Pulsatrix perspicillata* | Brillenkauz | | |
| *Scotopelia peli* | Bindenfischeule | Afrikanische Fischeule | |
| *Strix aluco* | Waldkauz | | |
| *Strix chacoensis* | Chacokauz | Chaco-Waldkauz | |
| *Strix leptogrammica* | Malaienkauz | Brauner Waldkauz | |
| *Strix nebulosa* | Bartkauz | | *Strix nebulosa lapponica*<br>*Strix nebulosa nebulosa* |
| *Strix ocellata* | Mangokauz | Indischer Waldkauz | |
| *Strix rufipes* | Rostfußkauz | | |
| *Strix seloputo* | Pagodenkauz | Dunkler Waldkauz | |
| *Strix uralensis* | Habichtskauz | | |
| *Strix varia* | Streifenkauz | | |
| *Strix woodfordii* | Woodfordkauz | Afrika-Waldkauz | |
| *Surnia ulula* | Sperbereule | | *Surnia ulula tianschanica*<br>*Surnia ulula caparoc*<br>*Surnia ulula ulula* |
| *Tyto alba* | Schleiereule | | *Tyto alba pratincola*<br>*Tyto alba punctatissima* |